建筑与市政工程施工现场专业人员职业标准培训教材

机械员岗位知识与专业技能

（第三版）

中国建设教育协会　组织编写
张燕娜　王凯晖　主　编

中国建筑工业出版社

图书在版编目（CIP）数据

机械员岗位知识与专业技能 / 中国建设教育协会组织编写；张燕娜，王凯晖主编. — 3 版. — 北京：中国建筑工业出版社，2023.1
建筑与市政工程施工现场专业人员职业标准培训教材
ISBN 978-7-112-28184-8

Ⅰ.①机… Ⅱ.①中… ②张… ③王… Ⅲ.①建筑机械—职业培训—教材 Ⅳ.①TU6

中国版本图书馆 CIP 数据核字（2022）第 218254 号

本书是建筑与市政工程施工现场专业人员职业标准培训教材之一，本书分为岗位知识与专业技能两篇。上篇岗位知识主要内容有：建筑机械管理相关法规、标准规范，建筑机械的选用、购置与租赁，建筑机械安全运行与维护，建筑机械修理，建筑机械成本核算，建筑机械临时用电。下篇专业技能主要内容有：建筑机械管理制度、计划编制，建筑机械的配置，建筑起重机械安全监督检查，安全技术交底，作业人员教育培训，建筑机械安全运行，建筑机械安全隐患识别，建筑机械统计台账，建筑机械成本核算，建筑机械资料档案管理。

本书可供建筑与市政工程施工现场专业人员岗位培训使用，也可供相关专业工程技术人员参考。

责任编辑：杜 川 李 明 李 杰
责任校对：张惠雯

建筑与市政工程施工现场专业人员职业标准培训教材
机械员岗位知识与专业技能
（第三版）
中国建设教育协会 组织编写
张燕娜 王凯晖 主 编

*

中国建筑工业出版社出版、发行（北京海淀三里河路 9 号）
各地新华书店、建筑书店经销
北京红光制版公司制版
北京同文印刷有限责任公司印刷

*

开本：787 毫米×1092 毫米 1/16 印张：7¾ 字数：190 千字
2023 年 3 月第三版 2023 年 3 月第一次印刷
定价：29.00 元
ISBN 978-7-112-28184-8
（40212）

版权所有 翻印必究
如有印装质量问题，可寄本社图书出版中心退换
（邮政编码 100037）

建筑与市政工程施工现场专业人员职业标准培训教材
编 审 委 员 会

主　任：赵　琦　李竹成

副主任：沈元勤　张鲁风　何志方　胡兴福　危道军
　　　　尤　完　赵　研　邵　华

委　员：（按姓氏笔画为序）

王兰英　王国梁　孔庆璐　邓明胜　艾永祥
艾伟杰　吕国辉　朱吉顶　刘尧增　刘哲生
孙沛平　李　平　李　光　李　奇　李　健
李大伟　杨　苗　时　炜　余　萍　沈　汛
宋岩丽　张　晶　张　颖　张亚庆　张晓艳
张悠荣　张燕娜　陈　曦　陈再捷　金　虹
郑华孚　胡晓光　侯洪涛　贾宏俊　钱大治
徐家华　郭庆阳　韩炳甲　鲁　麟　魏鸿汉

出版说明

建筑与市政工程施工现场专业人员队伍素质是影响工程质量和安全生产的关键因素。我国从 20 世纪 80 年代开始，在建设行业开展关键岗位培训考核和持证上岗工作。对于提高建设行业从业人员的素质起到了积极的作用。进入 21 世纪，在改革行政审批制度和转变政府职能的背景下，建设行业教育主管部门转变行业人才工作思路，积极规划和组织职业标准的研发。在住房和城乡建设部人事司的主持下，由中国建设教育协会、苏州二建建筑集团有限公司等单位主编了建设行业的第一部职业标准——《建筑与市政工程施工现场专业人员职业标准》，已由住房和城乡建设部发布，作为行业标准于 2012 年 1 月 1 日起实施。为推动该标准的贯彻落实，进一步编写了配套的 14 个考核评价大纲。

该职业标准及考核评价大纲有以下特点：(1) 系统分析各类建筑施工企业现场专业人员岗位设置情况，总结归纳了 8 个岗位专业人员核心工作职责，这些职业分类和岗位职责具有普遍性、通用性。(2) 突出职业能力本位原则，工作岗位职责与专业技能相互对应，通过技能训练能够提高专业人员的岗位履职能力。(3) 注重专业知识的完整性、系统性，基本覆盖各岗位专业人员的知识要求，通用知识具有各岗位的一致性，基础知识、岗位知识能够体现本岗位的知识结构要求。(4) 适应行业发展和行业管理的现实需要，岗位设置、专业技能和专业知识要求具有一定的前瞻性、引导性，能够满足专业人员提高综合素质和适应岗位变化的需要。

为落实职业标准，规范建设行业现场专业人员岗位培训工作，我们依据与职业标准相配套的考核评价大纲，组织编写了《建筑与市政工程施工现场专业人员职业标准培训教材》。

本套教材覆盖《建筑与市政工程施工现场专业人员职业标准》涉及的施工员、质量员、安全员、标准员、材料员、机械员、劳务员、资料员 8 个岗位 14 个考核评价大纲。每个岗位、专业，根据其职业工作的需要，注意精选教学内容、优化知识结构、突出能力要求，对知识、技能经过合理归纳，编写为《通用与基础知识》和《岗位知识与专业技能》两本，供培训配套使用。本套教材共 28 本，作者基本都参与了《建筑与市政工程施工现场专业人员职业标准》的编写，使本套教材的内容能充分体现《建筑与市政工程施工现场专业人员职业标准》的要求，促进现场专业人员专业学习和能力的提高。

第三版教材在上版教材的基础上，依据考核评价大纲，总结使用过程中发现的不足之处，参照最新法律法规及现行标准规范，结合"四新"内容，对教材内容进行了调整、修改、补充，使之更加贴近学员需求，方便学员顺利通过培训测试。

我们的编写工作难免存在不足，因此，我们恳请使用本套教材的培训机构、教师和广大学员多提宝贵意见，以便进一步的修订，使其不断完善。

建筑与市政工程施工现场专业人员职业标准培训教材编审委员会

第三版前言

《建筑与市政工程施工现场专业人员职业标准》JGJ/T 250—2011 于 2012 年 1 月 1 日正式实施，机械员是此次标准中施工现场管理八大员之一，为进一步提高建筑与市政工程施工现场机械员职业素质，提高建筑与市政工程施工现场建筑机械管理水平，保证工程质量安全，并统一和规范全国建筑机械员的教材，我们在中国建设教育协会指导下，组织行业专家，根据住房和城乡建设部发布的《建筑与市政工程施工现场专业人员职业标准》JGJ/T 250—2011 及《建筑与市政工程施工现场专业人员考核评价大纲》对机械员的要求，编写了本教材。本教材的编写注重"工程实践性、文字可读性、内容先进性、结构合理性"，希望这套教材能帮助学员理解机械员考评大纲的要求，掌握难点和重点，提高日常实际工作能力。

本教材第一版于 2013 年 9 月出版发行，第二版于 2017 年 5 月出版发行，很多省市采用本教材对机械员进行培训，受到了广大机械员的欢迎和好评。经过多年的使用，并征求部分省市提出的意见，我们结合近年来部分法规和标准的变化，对本教材进行修订，使之更加贴近《建筑与市政工程施工现场专业人员考核评价大纲》与现行标准的要求。

本次修订由张燕娜、王凯晖担任主编，李宗亮、杜嵬担任副主编。参加本教材的修订人员有丁锦钺、左建涛、孙立民、刘风雷、刘福江、沈宏志、张琪、李鹏、李毅、张冲、李宗亮。杜嵬担任本次教材修订的主要审查人员。

本书作为《建筑与市政工程施工现场专业人员职业标准》贯彻实施的配套教材，希望广大读者提出宝贵意见，使之不断完善。

第二版前言

《建筑与市政工程施工现场专业人员职业标准》JGJ/T 250—2011 于 2012 年 1 月 1 日正式实施，机械员是此次标准中施工现场管理八大员之一，为进一步提高建筑与市政工程施工现场机械员职业素质，提高建筑与市政工程施工现场建筑机械管理水平，保证工程质量安全，并统一和规范全国建筑机械员的教材，在中国建设教育协会指导下，由中国建筑业协会机械管理与租赁分会牵头组织行业专家，根据住房和城乡建设部发布的《建筑与市政工程施工现场专业人员职业标准》JGJ/T 250—2011 及《建筑与市政工程施工现场专业人员考核评价大纲》对机械员的要求，编写了本教材。本教材的编写注重"工程实践性、文字可读性、内容先进性、结构合理性"，希望这套教材能帮助学员理解机械员考评大纲的要求，掌握难点和重点，提高日常实际工作能力。

本教材第一版于 2013 年 9 月出版发行，很多省市采用本教材对机械员进行培训，受到了广大建筑施工机务人员的欢迎和好评。经过多年的使用，并征求部分省市提出的意见，结合近年来部分法规和标准的变化，对本教材进行修订，使之更加贴近《建筑与市政工程施工现场专业人员考核评价大纲》与现行标准的要求。

本次修订由中国建筑业协会机械管理与租赁分会张燕娜会长、天津市建设工程质量安全监督管理总队教授级高级工程师陈再捷担任主编，中建三局三公司丁荷生高级工程师担任副主编。

作为行业现场专业人员职业标准贯彻实施的配套教材，希望广大读者提出宝贵意见，使之不断完善。

第一版前言

《建筑与市政工程施工现场专业人员职业标准》JGJ/T 250—2011 于 2012 年 1 月 1 日正式实施。机械员是此次住房和城乡建设部设立的施工现场管理八大员之一，为进一步提高建筑与市政工程施工现场机械员职业素质，提高建筑与市政工程施工现场建筑机械管理水平，保证工程质量安全，并统一和规范全国建筑机械员的教材，在中国建设教育协会指导下，由中国建筑业协会机械管理与租赁分会牵头并组织行业专家，根据住房和城乡建设部发布的《建筑与市政工程施工现场专业人员职业标准》JGJ/T 250—2011 及《建筑与市政工程施工现场专业人员考核评价大纲》对机械员的要求，编写了本教材，包括"岗位知识和专业技能"两大部分。本教材的编写注重"工程实践性、文字可读性、内容先进性、结构合理性、知识正确性"，希望这套教材能帮助学员理解机械员考评大纲的要求，掌握重点和难点，提高日常实际工作能力。

本教材由中国建筑业协会机械管理与租赁分会贾立才会长、天津市建设工程质量安全监督管理总队及天津市工程机械行业协会陈再捷教授级高级工程师担任主编，中建三局三公司丁荷生高级工程师、重庆建筑业协会机械管理与租赁分会祁仁俊教授担任副主编，参加本教材编写的人员有：马旭、冯治安、刘延泰、刘晓亮、孙曰增、李广荣、李佑荣、李健、杨路帆、吴成华、陆志远、张公威、张燕秋、张燕娜、周家透、侯沂、谈培骏、殷晨波、黄治郁、曹德雄、程福强。

北京建筑机械化研究院孔庆璐副编审担任本教材的主审。

作为行业现场专业人员第一个职业标准贯彻实施的配套教材，由于编写仓促，难免有不足之处，希望读者提出宝贵意见，便于今后修订完善。

目 录

上篇 岗位知识 ... 1

一、建筑机械管理相关法规、标准规范 ... 1
 （一）建筑机械安全监督管理有关规定 ... 1
 （二）建筑机械安全技术标准、规范 ... 9

二、建筑机械的选用、购置与租赁 ... 13
 （一）施工项目建筑机械选用的依据和原则 ... 13
 （二）建筑机械的购置与租赁 ... 14
 （三）建筑机械购置的基本程序及注意事项 ... 16
 （四）建筑机械租赁的基本程序及注意事项 ... 17

三、建筑机械安全运行与维护 ... 20
 （一）建筑机械安全运行管理体系 ... 20
 （二）建筑机械运行控制 ... 22
 （三）建筑机械检查与安全评价 ... 23
 （四）建筑机械的维护保养 ... 25
 （五）建筑起重机械专项应急救援预案 ... 28

四、建筑机械修理 ... 30
 （一）建筑机械故障及原因 ... 30
 （二）建筑机械修理类别与故障排除 ... 32
 （三）建筑机械修理方法 ... 36

五、建筑机械成本核算 ... 41
 （一）建筑机械成本核算类型 ... 41
 （二）建筑机械的单机核算 ... 42
 （三）建筑机械成本核算的条件、作用及原则 ... 44
 （四）建筑机械使用费核算 ... 45

六、建筑机械临时用电 ... 47
 （一）临时用电知识 ... 47
 （二）设备安全用电 ... 55

下篇 专业技能 ... 62

七、建筑机械管理制度、计划编制 ... 62

（一）建筑机械管理制度 …………………………………………… 62
　　（二）建筑机械运行管理计划编制 ………………………………… 66
八、建筑机械的配置 …………………………………………………………… 70
　　（一）建筑机械的合理配置 ………………………………………… 70
　　（二）典型工程建筑机械配置 ……………………………………… 70
　　（三）建筑机械的合理优化 ………………………………………… 73
九、建筑起重机械安全监督检查 …………………………………………… 75
　　（一）建筑起重机械安装拆卸的监督 ……………………………… 75
　　（二）特种设备资料符合性查验 …………………………………… 80
十、安全技术交底 …………………………………………………………… 82
十一、作业人员教育培训 …………………………………………………… 83
十二、建筑机械安全运行 …………………………………………………… 84
　　（一）建筑机械事故 ………………………………………………… 84
　　（二）依据运行状况记录进行建筑机械安全评价 ………………… 86
　　（三）施工现场常用建筑机械关键部位安全检查 ………………… 86
十三、建筑机械安全隐患识别 ……………………………………………… 95
　　（一）恶劣气候条件下建筑机械存在的安全隐患及应对措施 …… 95
　　（二）建筑机械安全保护装置的检查及应对措施 ………………… 96
　　（三）建筑机械的违规使用及应对措施 …………………………… 97
　　（四）建筑机械操作人员的违规操作行为及应对措施 …………… 97
十四、建筑机械统计台账 …………………………………………………… 99
十五、建筑机械成本核算 …………………………………………………… 101
十六、建筑机械资料档案管理 ……………………………………………… 102
　　（一）原始资料 ……………………………………………………… 102
　　（二）建筑机械安全运行保障资料 ………………………………… 102
　　（三）企业建筑机械分类编号管理 ………………………………… 103
　　（四）建筑机械资产管理的基本资料 ……………………………… 104
　　（五）建筑机械技术档案 …………………………………………… 106
　　（六）企业建筑机械资料管理归档 ………………………………… 107

上篇 岗位知识

一、建筑机械管理相关法规、标准规范

(一) 建筑机械安全监督管理有关规定

《建设工程安全生产管理条例》(国务院令第393号)第四条规定：建设单位、勘察单位、设计单位、施工单位、工程监理单位及其他与建设工程安全生产有关的单位，必须遵守安全生产法律、法规的规定，保证建设工程安全生产，依法承担建设工程安全生产责任。该条例中，对建筑机械的租赁、安装拆卸、使用管理等方面作了详细规定。

《中华人民共和国特种设备安全法》(简称《特种设备安全法》)已由第十二届全国人民代表大会常务委员会第三次会议于2013年6月29日通过，自2014年1月1日起施行。《特种设备安全法》第二条规定：特种设备的生产(包括设计、制造、安装、改造、修理)、经营、使用、检验、检测和特种设备安全的监督管理，适用本法。《特种设备安全监察条例》(国务院令第549号)第三条规定：特种设备的生产(含设计、制造、安装、改造、维修)使用，检验检测及监督检查，应当遵守本条例。房屋建筑工地和市政工程工地用起重机械，场(厂)内专用机动车辆的安装、使用的监督管理，由建设行政主管部门依照有关法律，法规的规定执行。依据国务院令第393号、第549号的规定，《建筑起重机械安全监督管理规定》(建设部令第166号)，明确了建筑起重机械的范围和租赁、安装、拆卸、使用的管理及监督的相关规定，同时下发了相关配套文件。

1. 建筑起重机械制造管理

《特种设备安全法》规定：

第十八条 国家按照分类监督管理的原则对特种设备生产实行许可制度。特种设备生产单位应当具备下列条件，并经负责特种设备安全监督管理的部门许可，方可从事生产活动：

(一) 有与生产相适应的专业技术人员；

(二) 有与生产相适应的设备、设施和工作场所；

(三) 有健全的质量保证、安全管理和岗位责任等制度。

第十九条 特种设备生产单位应当保证特种设备生产符合安全技术规范及相关标准的要求，对其生产的特种设备的安全性能负责。不得生产不符合安全性能要求和能效指标以及国家明令淘汰的特种设备。

第二十条 锅炉、气瓶、氧舱、客运索道、大型游乐设施的设计文件，应当经负责特种设备安全监督管理的部门核准的检验机构鉴定，方可用于制造。

特种设备产品、部件或者试制的特种设备新产品、新部件以及特种设备采用的新材料，按照安全技术规范的要求需要通过型式试验进行安全性验证的，应当经负责特种设备安全监督管理的部门核准的检验机构进行型式试验。

第二十一条　特种设备出厂时，应当随附安全技术规范要求的设计文件、产品质量合格证明、安装及使用维护保养说明、监督检验证明等相关技术资料和文件，并在特种设备显著位置设置产品铭牌、安全警示标志及其说明。

《特种设备安全监察条例》对建筑起重机械的制造，作出了如下规定：

第五条　特种设备生产、使用单位应当建立健全特种设备安全、节能管理制度和岗位安全、节能责任制度。特种设备生产、使用单位的主要负责人应当对本单位特种设备的安全和节能全面负责。特种设备生产、使用单位和特种设备检验检测机构，应当接受特种设备安全监督管理部门依法进行的特种设备安全监察。

第八条　国家鼓励推行科学的管理方法，采用先进技术，提高特种设备安全性能和管理水平，增强特种设备生产、使用单位防范事故的能力，对取得显著成绩的单位和个人，给予奖励。国家鼓励特种设备节能技术的研究、开发、示范和推广，促进特种设备节能技术创新和应用。

特种设备生产、使用单位和特种设备检验检测机构，应当保证必要的安全和节能投入。国家鼓励实行特种设备责任保险制度，提高事故赔付能力。

第十条　特种设备生产单位，应当依照本条例规定以及国务院特种设备安全监督管理部门制定并公布的安全技术规范（以下简称安全技术规范）的要求，进行生产活动。特种设备生产单位对其生产的特种设备的安全性能和能效指标负责，不得生产不符合安全性能要求和能效指标的特种设备，不得生产国家产业政策明令淘汰的特种设备。

第十四条　锅炉、压力容器、电梯、起重机械、客运索道、大型游乐设施及其安全附件、安全保护装置的制造、安装、改造单位，以及压力管道用管子、管件、阀门、法兰、补偿器、安全保护装置等（以下简称压力管道元件）的制造单位和场（厂）内专用机动车辆的制造、改造单位，应当经国务院特种设备安全监督管理部门许可，方可从事相应的活动。

前款特种设备的制造、安装、改造单位应当具备下列条件：

（一）有与特种设备制造、安装、改造相适应的专业技术人员和技术工人；

（二）有与特种设备制造、安装、改造相适应的生产条件和检测手段；

（三）有健全的质量管理制度和责任制度。

第十五条　特种设备出厂时，应当附有安全技术规范要求的设计文件、产品质量合格证明、安装及使用维修说明、监督检验证明等文件。

2. 建筑起重机械租赁管理

《建设工程安全生产管理条例》对建筑机械租赁，作出了如下规定：

第十五条　为建设工程提供机械设备和配件的单位，应当按照安全施工的要求配备齐全有效的保险、限位等安全设施和装置。

第十六条　出租的机械设备和施工机具及配件，应当具有生产（制造）许可证、产品合格证。

出租单位应当对出租的机械设备和施工机具及配件的安全性能进行检测，在签订租赁协议时，应当出具检测合格证明。

禁止出租检测不合格的机械设备和施工机具及配件。

《建筑起重机械安全监督管理规定》对建筑起重机械租赁，作出了如下规定：

第四条　出租单位出租的建筑起重机械和使用单位购置、租赁、使用的建筑起重机械应当具有特种设备制造许可证、产品合格证。

第五条　出租单位在建筑起重机械首次出租前，自购建筑起重机械的使用单位在建筑起重机械首次安装前，应当持建筑起重机械特种设备制造许可证、产品合格证到本单位工商注册所在地县级以上地方人民政府建设主管部门办理备案。

第六条　出租单位应当在签订的建筑起重机械租赁合同中，明确租赁双方的安全责任，并出具建筑起重机械特种设备制造许可证、产品合格证、备案证明和自检合格证明，提交安装使用说明书。

第七条　有下列情形之一的建筑起重机械，不得出租、使用：

（一）属国家明令淘汰或者禁止使用的；

（二）超过安全技术标准或者制造厂家规定的使用年限的；

（三）经检验达不到安全技术标准规定的；

（四）没有完整安全技术档案的；

（五）没有齐全有效的安全保护装置的。

第八条　建筑起重机械有本规定第七条第（一）、（二）、（三）项情形之一的，出租单位或者自购建筑起重机械的使用单位应当予以报废，并向原备案机关办理注销手续。

第九条　出租单位、自购建筑起重机械的使用单位，应当建立建筑起重机械安全技术档案。

建筑起重机械安全技术档案应当包括以下资料：

（一）购销合同、制造许可证、产品合格证、安装使用说明书、备案证明等原始资料；

（二）定期检验报告、定期自行检查记录、定期维护保养记录、维修和技术改造记录、运行故障和生产安全事故记录、累计运转记录等运行资料；

（三）历次安装验收资料。

3. 建筑起重机械安装、拆卸管理

《建设工程安全生产管理条例》对建筑机械安装、拆卸，作出了如下规定：

第十七条　在施工现场安装、拆卸施工起重机械和整体提升脚手架、模板等自升式架设设施，必须由具有相应资质的单位承担。

安装、拆卸施工起重机械和整体提升脚手架、模板等自升式架设设施，应当编制拆装方案、制定安全施工措施，并由专业技术人员现场监督。

施工起重机械和整体提升脚手架、模板等自升式架设设施安装完毕后，安装单位应当自检，出具自检合格证明，并向施工单位进行安全使用说明，办理验收手续并签字。

第十八条　施工起重机械和整体提升脚手架、模板等自升式架设设施的使用达到国家规定的检验检测期限的，必须经具有专业资质的检验检测机构检测。经检测不合格的，不得继续使用。

第十九条　检验检测机构对检测合格的施工起重机械和整体提升脚手架、模板等自升式架设设施，应当出具安全合格证明文件，并对检测结果负责。

《建筑起重机械安全监督管理规定》对建筑起重机械安装，拆卸，作出了如下规定：

第十条　从事建筑起重机械安装、拆卸活动的单位（以下简称安装单位）应当依法取得建设主管部门颁发的相应资质和建筑施工企业安全生产许可证，并在其资质许可范围内承揽建筑起重机械安装、拆卸工程。

第十一条　建筑起重机械使用单位和安装单位应当在签订的建筑起重机械安装、拆卸合同中明确双方的安全生产责任。

实行施工总承包的，施工总承包单位应当与安装单位签订建筑起重机械安装、拆卸工程安全协议书。

第十二条　安装单位应当履行下列安全职责：

（一）按照安全技术标准及建筑起重机械性能要求，编制建筑起重机械安装、拆卸工程专项施工方案，并由本单位技术负责人签字；

（二）按照安全技术标准及安装使用说明书等检查建筑起重机械及现场施工条件；

（三）组织安全施工技术交底并签字确认；

（四）制定建筑起重机械安装、拆卸工程生产安全事故应急救援预案；

（五）将建筑起重机械安装、拆卸工程专项施工方案，安装、拆卸人员名单，安装、拆卸时间等材料报施工总承包单位和监理单位审核后，告知工程所在地县级以上地方人民政府建设主管部门。

第十三条　安装单位应当按照建筑起重机械安装、拆卸工程专项施工方案及安全操作规程组织安装、拆卸作业。

安装单位的专业技术人员、专职安全生产管理人员应当进行现场监督，技术负责人应当定期巡查。

第十四条　建筑起重机械安装完毕后，安装单位应当按照安全技术标准及安装使用说明书的有关要求对建筑起重机械进行自检、调试和试运转。自检合格的，应当出具自检合格证明，并向使用单位进行安全使用说明。

第十五条　安装单位应当建立建筑起重机械安装、拆卸工程档案。

建筑起重机械安装、拆卸工程档案应当包括以下资料：

（一）安装、拆卸合同及安全协议书；

（二）安装、拆卸工程专项施工方案；

（三）安全施工技术交底的有关资料；

（四）安装工程验收资料；

（五）安装、拆卸工程生产安全事故应急救援预案。

4. 建筑起重机械使用管理

《建设工程安全生产管理条例》对建筑机械使用，作出了如下规定：

第三十三条　作业人员应当遵守安全施工的强制性标准、规章制度和操作规程，正确使用安全防护用具、机械设备等。

第三十四条　施工单位采购、租赁的安全防护用具、机械设备、施工机具及配件，应当具有生产（制造）许可证、产品合格证，并在进入施工现场前进行查验。

施工现场的安全防护用具、机械设备、施工机具及配件必须由专人管理，定期进行检查、维修和保养，建立相应的资料档案，并按照国家有关规定及时报废。

第三十五条　施工单位在使用施工起重机械和整体提升脚手架、模板等自升式架设设施前，应当组织有关单位进行验收，也可以委托具有相应资质的检验检测机构进行验收；使用承租的机械设备和施工机具及配件的，由施工总承包单位、分包单位、出租单位和安装单位共同进行验收。验收合格的方可使用。

《特种设备安全监察条例》规定的施工起重机械，在验收前应当经有相应资质的检验检测机构监督检验合格。

施工单位应当自施工起重机械和整体提升脚手架、模板等自升式架设设施验收合格之日起30日内，向建设行政主管部门或者其他有关部门登记。登记标志应当置于或者附着于该设备的显著位置。

《建筑起重机械安全监督管理规定》对建筑起重机械使用，作出了如下规定：

第十六条　建筑起重机械安装完毕后，使用单位应当组织出租、安装、监理等有关单位进行验收，或者委托具有相应资质的检验检测机构进行验收。建筑起重机械经验收合格后方可投入使用，未经验收或者验收不合格的不得使用。

实行施工总承包的，由施工总承包单位组织验收。

建筑起重机械在验收前应当经有相应资质的检验检测机构监督检验合格。

检验检测机构和检验检测人员对检验检测结果、鉴定结论依法承担法律责任。

第十七条　使用单位应当自建筑起重机械安装验收合格之日起30日内，将建筑起重机械安装验收资料、建筑起重机械安全管理制度、特种作业人员名单等，向工程所在地县级以上地方人民政府建设主管部门办理建筑起重机械使用登记。登记标志置于或者附着于该设备的显著位置。

第十八条　使用单位应当履行下列安全职责：

（一）根据不同施工阶段、周围环境以及季节、气候的变化，对建筑起重机械采取相应的安全防护措施；

（二）制定建筑起重机械生产安全事故应急救援预案；

（三）在建筑起重机械活动范围内设置明显的安全警示标志，对集中作业区做好安全防护；

（四）设置相应的设备管理机构或者配备专职的设备管理人员；

（五）指定专职设备管理人员、专职安全生产管理人员进行现场监督检查；

（六）建筑起重机械出现故障或者发生异常情况的，立即停止使用，消除故障和事故隐患后，方可重新投入使用。

第十九条　使用单位应当对在用的建筑起重机械及其安全保护装置、吊具、索具等进行经常性和定期的检查、维护和保养，并做好记录。

使用单位在建筑起重机械租期结束后，应当将定期检查、维护和保养记录移交出租单位。

建筑起重机械租赁合同对建筑起重机械的检查、维护、保养另有约定的，从其约定。

第二十条　建筑起重机械在使用过程中需要附着的，使用单位应当委托原安装单位或者具有相应资质的安装单位按照专项施工方案实施,并按照本规定第十六条规定组织验收。验收合格后方可投入使用。

建筑起重机械在使用过程中需要顶升的,使用单位委托原安装单位或者具有相应资质的安装单位按照专项施工方案实施后,即可投入使用。

禁止擅自在建筑起重机械上安装非原制造厂制造的标准节和附着装置。

第二十一条 施工总承包单位应当履行下列安全职责:

(一)向安装单位提供拟安装设备位置的基础施工资料,确保建筑起重机械进场安装、拆卸所需的施工条件;

(二)审核建筑起重机械的特种设备制造许可证、产品合格证、备案证明等文件;

(三)审核安装单位、使用单位的资质证书、安全生产许可证和特种作业人员的特种作业操作资格证书;

(四)审核安装单位制定的建筑起重机械安装、拆卸工程专项施工方案和生产安全事故应急救援预案;

(五)审核使用单位制定的建筑起重机械生产安全事故应急救援预案;

(六)指定专职安全生产管理人员监督检查建筑起重机械安装、拆卸、使用情况;

(七)施工现场有多台塔式起重机作业时,应当组织制定并实施防止塔式起重机相互碰撞的安全措施。

第二十四条 建筑起重机械特种作业人员应当遵守建筑起重机械安全操作规程和安全管理制度,在作业中有权拒绝违章指挥和强令冒险作业,有权在发生危及人身安全的紧急情况时立即停止作业或者采取必要的应急措施后撤离危险区域。

第二十五条 建筑起重机械安装拆卸工、起重信号工、起重司机、司索工等特种作业人员应当经建设主管部门考核合格,并取得特种作业操作资格证书后,方可上岗作业。

省、自治区、直辖市人民政府建设主管部门负责组织实施建筑施工企业特种作业人员的考核。

特种作业人员的特种作业操作资格证书由国务院建设主管部门规定统一的样式。

5. 建筑机械设备特种作业人员管理

(1)《建设工程安全生产管理条例》对建筑机械设备特种作业人员使用与管理,作出了如下规定:

第二十五条 垂直运输机械作业人员、安装拆卸工、爆破作业人员、起重信号工、登高架设作业人员等特种作业人员,必须按照国家有关规定经过专门的安全作业培训,并取得特种作业操作资格证书后,方可上岗作业。

(2)《建筑施工特种作业人员管理规定》(建质〔2008〕75号文件),对建筑施工特种作业人员使用与管理,作出了如下规定:

第三条 建筑施工特种作业包括:

(一)建筑电工;

(二)建筑架子工;

(三)建筑起重信号司索工;

(四)建筑起重机械司机;

（五）建筑起重机械安装拆卸工；
（六）高处作业吊篮安装拆卸工；
（七）经省级以上人民政府建设主管部门认定的其他特种作业。

第四条　建筑施工特种作业人员必须经建设主管部门考核合格，取得建筑施工特种作业人员操作资格证书（以下简称"资格证书"），方可上岗从事相应作业。

第五条　国务院建设主管部门负责全国建筑施工特种作业人员的监督管理工作。

第六条　建筑施工特种作业人员的考核发证工作，由省、自治区、直辖市人民政府建设主管部门或其委托的考核发证机构（以下简称"考核发证机关"）负责组织实施。

第八条　申请从事建筑施工特种作业的人员，应当具备下列基本条件：
（一）年满18周岁且符合相关工种规定的年龄要求；
（二）经医院体检合格且无妨碍从事相应特种作业的疾病和生理缺陷；
（三）初中及以上学历；
（四）符合相应特种作业需要的其他条件。

第十四条　资格证书应当采用国务院建设主管部门规定的统一样式，由考核发证机关编号后签发。资格证书在全国通用。

第十五条　持有资格证书的人员，应当受聘于建筑施工企业或者建筑起重机械出租单位（以下简称用人单位），方可从事相应的特种作业。

第十六条　用人单位对于首次取得资格证书的人员，应当在其正式上岗前安排不少于3个月的实习操作。

第十七条　建筑施工特种作业人员应当严格按照安全技术标准、规范和规程进行作业，正确佩戴和使用安全防护用品，并按规定对作业工具和设备进行维护保养。

建筑施工特种作业人员应当参加年度安全教育培训或者继续教育，每年不得少于24小时。

第十八条　在施工中发生危及人身安全的紧急情况时，建筑施工特种作业人员有权立即停止作业或者撤离危险区域，并向施工现场专职安全生产管理人员和项目负责人报告。

第二十条　任何单位和个人不得非法涂改、倒卖、出租、出借或者以其他形式转让资格证书。

第二十一条　建筑施工特种作业人员变动工作单位，任何单位和个人不得以任何理由非法扣押其资格证书。

第二十二条　资格证书有效期为两年。有效期满需要延期的，建筑施工特种作业人员应当于期满前3个月内向原考核发证机关申请办理延期复核手续。延期复核合格的，资格证书有效期延期2年。

6. 建筑起重机械安全监督管理

《建筑起重机械安全监督管理规定》对建筑机械安全监督管理，作出了如下规定：

第二十六条　建设主管部门履行安全监督检查职责时，有权采取下列措施：
要求被检查的单位提供有关建筑起重机械的文件和资料。
进入被检查单位和被检查单位的施工现场进行检查。
对检查中发现的建筑起重机械生产安全事故隐患，责令立即排除；重大生产安全事故隐患排除前或者排除过程中无法保证安全的，责令从危险区域撤出作业人员或者暂时停止施工。

第二十七条　负责办理备案或者登记的建设主管部门应当建立本行政区域内的建筑起重机械档案，按照有关规定对建筑起重机械进行统一编号，并定期向社会公布建筑起重机械的安全状况。

7. 建筑起重机械危大管理

《危险性较大的分部分项工程安全管理规定》（住房和城乡建设部令第37号）对建筑起重机械危险性较大的分部分项工程作出了如下规定：

专项施工方案应当由施工单位技术负责人审核签字、加盖单位公章，并由总监理工程师审查签字、加盖执业印章后方可实施。

根据"住房城乡建设部办公厅关于实施《危险性较大的分部分项工程安全管理规定》有关问题的通知"建办质〔2018〕31号的规定以下工程属于危险性较大的分部分项工程范围：

（一）采用非常规起重设备、方法，且单件起吊重量在10kN及以上的起重吊装工程。

（二）采用起重机械进行安装的工程。

（三）起重机械安装和拆卸工程。

以下工程属于超过一定规模的危险性较大的分部分项工程，应当组织召开专家论证会对专项施工方案进行论证。

（一）采用非常规起重设备、方法，且单件起吊重量在100kN及以上的起重吊装工程。

（二）起重量300kN及以上，或搭设总高度200m及以上，或搭设基础标高在200m及以上的起重机械安装和拆卸工程。

8. 建筑起重机械重大隐患判定

住房和城乡建设部《房屋市政工程生产安全重大事故隐患判定标准（2022版）》规定：

第八条　起重机械及吊装工程有下列情形之一的，应判定为重大事故隐患：

（一）塔式起重机、施工升降机、物料提升机等起重机械设备未经验收合格即投入使用，或未按规定办理使用登记；

（二）塔式起重机独立起升高度、附着间距和最高附着以上的最大悬高及垂直度不符合规范要求；

（三）施工升降机附着间距和最高附着以上的最大悬高及垂直度不符合规范要求；

（四）起重机械安装、拆卸、顶升加节以及附着前未对结构件、顶升机构和附着装置以及高强度螺栓、销轴、定位板等连接件及安全装置进行检查；

（五）建筑起重机械的安全装置不齐全、失效或者被违规拆除、破坏；

（六）施工升降机防坠安全器超过定期检验有效期，标准节连接螺栓缺失或失效；

（七）建筑起重机械的地基基础承载力和变形不满足设计要求。

（二）建筑机械安全技术标准、规范

根据建设部《实施工程建设强制性标准监督规定》（建设部令第81号）在中华人民共和国境内从事的新建、扩建、改建等工程建设活动，直接涉及工程质量、安全、卫生及环境保护等方面的，必须执行工程建设强制性标准。

强制性标准颁布以来，各级建设行政主管部门和广大工程技术管理人员高度重视，认真开展了强制性标准的宣传、贯彻等各项活动，以准确理解强制性标准的内容，把强制性条文的要求，贯彻在工程施工活动中，以保障建筑工程的工程质量、安全、卫生及环境保护等方面，全面达到强制性标准的规定。

强制性标准主要涉及在施工中的生产安全，并在标准中以黑体字进行标注，在施工活动中必须认真、严格执行。强制性条文的正确实施，对促进建筑施工产业的健康发展，确保工程施工的质量、安全、提高企业经济效益、社会效益和环境效益具有重要的意义。

技术标准、规范及技术规程分为：国家标准、行业标准、地方标准和企业标准。

1. 建筑机械综合性标准、规范

GB/T 26546—2011《工程机械减轻环境负担的技术指南》
JB/T 13065—2017《建筑施工机械与设备可靠性考核通则》
JGJ 33—2012《建筑机械使用安全技术规程》
JGJ 160—2016《施工现场机械设备检查技术规范》
JGJ/T 189—2009《建筑起重机械安全评估技术规程》
JGJ 59—2011《建筑施工安全检查标准》
JGJ 46—2005《施工现场临时用电安全技术规范》
JGJ 305—2013《建筑施工升降设备设施检验标准》
JGJ 276—2012《建筑施工起重吊装工程安全技术规范》

2. 建筑起重机械技术标准、规范

GB 5144—2006《塔式起重机安全规程》
GB/T 5031—2019《塔式起重机》
GB/T 6974.1—2008《起重机 术语 第1部分：通用术语》
GB/T 18874.3—2018《起重机 供需双方应提供的资料 第3部分：塔式起重机》
GB/T 20303.1—2016《起重机 司机室和控制站 第1部分：总则》
GB/T 20303.3—2016《起重机 司机室和控制站 第3部分：塔式起重机》
GB/T 20303.5—2021《起重机 司机室和控制站 第5部分：桥式和门式起重机》
GB/T 20863.1—2021《起重机 分级 第1部分：总则》
GB/T 20863.2—2016《起重机 分级 第2部分：流动式起重机》
GB/T 23720.3—2010《起重机 司机培训 第3部分：塔式起重机》
GB/T 23723.3—2010《起重机 安全使用 第3部分：塔式起重机》
GB/T 23724.3—2010《起重机 检查 第3部分：塔式起重机》

GB/T 23723.4—2010《起重机 安全使用 第4部分：臂架起重机》
GB/T 23725.1—2009《起重机 信息标牌 第1部分：总则》
GB/T 23725.3—2010《起重机 信息标牌 第3部分：塔式起重机》
GB/T 24809.1—2009《起重机 对机构的要求 第1部分：总则》
GB/T 24810.3—2009《起重机 限制器和指示器 第3部分：塔式起重机》
GB/T 24817.3—2016《起重机 控制装置布置形式和特性 第3部分：塔式起重机》
GB/T 24818.3—2009《起重机 通道及安全防护设施 第3部分：塔式起重机》
GB/T 25195.3—2010《起重机 图形符号 第3部分：塔式起重机》
GB/T 26471—2011《塔式起重机 安装与拆卸规则》
GB/T 33080—2016《塔式起重机安全评估规程》
GB/T 37366—2019《塔式起重机安全监控系统及数据传输规范》
GB/T 5082—2019《起重机 手势信号》
GB/T 31052.3—2016《起重机械 检查与维护规程 第3部分：塔式起重机》
JGJ 196—2010《建筑施工塔式起重机安装、使用、拆卸安全技术规程》
JGJ/T 187—2019《塔式起重机混凝土基础工程技术标准》
JGJ 215—2010《建筑施工升降机安装、使用、拆卸安全技术规程》
JG/T 100—1999《塔式起重机操作使用规程》
JGJ/T 301—2013《大型塔式起重机混凝土基础工程技术规程》
GB/T 10054.1—2021《货用施工升降机 第1部分：运载装置可进人的升降机》
GB/T 10054.2—2014《货用施工升降机 第2部分：运载装置不可进人的倾斜式升降机》
GB/T 26557—2021《吊笼有垂直导向的人货两用施工升降机》
JGJ 88—2010《龙门架及井架物料提升机安全技术规范》
GB/T 25849—2010《移动式升降工作平台 设计计算、安全要求和测试方法》
GB/T 27547—2011《升降工作平台 导架爬升式工作平台》
GB/T 27548—2011《移动式升降工作平台 安全规则、检查、维护和操作》
GB/T 27549—2011《移动式升降工作平台 操作人员培训》
GB 55034—2022《建筑与市政施工现场安全卫生与职业健康通用规范》

3. 高处作业吊篮技术标准、规范

GB/T 19155—2017《高处作业吊篮》
JGJ 202—2010《建筑施工工具式脚手架安全技术规范》

4. 桩工机械技术标准、规范

GB/T 13749—2022《冲击式打桩机 安全操作规程》
GB 13750—2004《振动沉拔桩机 安全操作规程》
GB 26545—2011《建筑施工机械与设备 钻孔设备安全规范》
GB/T 7920.6—2005《建筑施工机械与设备 打桩设备 术语和商业规格》
GB/T 25695—2010《建筑施工机械与设备 旋挖钻机成孔施工通用规程》

JB/T 11108—2010《建筑施工机械与设备 筒式柴油打桩锤》

JB/T 10599—2021《建筑施工机械与设备 振动桩锤》

GB 22361—2008《打桩设备安全规范》

GB/T 21682—2019《旋挖钻机》

JB/T 11675—2013《建筑施工机械与设备 潜水电动振冲器》

JB/T 12315—2015《建筑施工机械与设备 桩架》

JG/T 5043.1—1993《转盘钻孔机 分类》

JG/T 5043.2—1993《转盘钻孔机 技术条件》

JG/T 5043.3—1993《转盘钻孔机 试验方法》

JB/T 11674—2013《建筑施工机械与设备 液压式压桩机》

JB/T 12317—2015《建筑施工机械与设备 长螺旋钻孔机》

JG/T 5109—1999《导杆式柴油打桩锤》

5. 混凝土机械及设备技术标准、规范

GB/T 9142—2021《建筑施工机械与设备 混凝土搅拌机》

GB/T 7920.4—2016《混凝土机械 术语》

GB/T 25637.1—2010《建筑施工机械与设备 混凝土搅拌机 第1部分：术语与商业规格》

GB/T 10171—2016《建筑施工机械与设备 混凝土搅拌站（楼）》

GB/T 25638.1—2010《建筑施工机械与设备 混凝土泵 第1部分：术语与商业规格》

GB/T 25650—2010《混凝土振动台》

GB/T 26408—2020《混凝土搅拌运输车》

GB/T 26409—2022《流动式混凝土泵》

GB 28395—2012《混凝土及灰浆输送、喷射、浇注机械 安全要求》

JB/T 10704—2007《混凝土布料机》

JB/T 11185—2011《建筑施工机械与设备 干混砂浆搅拌机》

JB/T 11186—2011《建筑施工机械与设备 干混砂浆生产成套设备（线）》

JB/T 11187—2011《建筑施工机械与设备 混凝土输送管型式与尺寸》

JB/T 11855—2014《建筑施工机械与设备 电动插入式混凝土振动器》

JB/T 11856—2014《建筑施工机械与设备 电动外部式混凝土振动器》

JB/T 11857—2014《建筑施工机械与设备 混凝土振动器专用软轴和软管》

6. 钢筋机械技术标准、规范

JG/T 5022—1992《钢筋冷拔机》

JG/T 5063—1995《钢筋电渣压力焊机》

JB/T 12076—2014《建筑施工机械与设备 钢筋弯曲机》

JB/T 12077—2014《建筑施工机械与设备 钢筋切断机》

JG/T 94—2013《钢筋气压焊机》

JG/T 3058—1999《钢筋冷轧扭机组》

JG/T 145—2002《钢筋套筒挤压机》
JG/T 146—2002《钢筋直螺纹成型机》

7. 筑路机械技术标准、规范

GB/T 16277—2021《道路施工与养护机械设备 沥青混凝土摊铺机》
GB/T 17808—2021《道路施工与养护机械设备 沥青混合料搅拌设备》
GB/T 25641—2010《道路施工与养护机械设备 沥青混合料厂拌热再生设备》
GB/T 25642—2010《道路施工与养护机械设备 沥青混合料转运机》
GB/T 25643—2010《道路施工与养护机械设备 路面铣刨机》
GB/T 25648—2010《道路施工与养护机械设备 稳定土拌和机》
GB/T 25649—2010《道路施工与养护机械设备 稀浆封层机》
GB/T 25697—2013《道路施工与养护机械设备 沥青路面就地热再生复拌机》
GB 26504—2011《移动式道路施工机械 通用安全要求》
GB 26505—2011《移动式道路施工机械 摊铺机安全要求》
GB/T 28392—2012《道路施工与养护机械设备 热风式沥青混合料再生修补机》
GB/T 28393—2012《道路施工与养护机械设备 沥青碎石同步封层车》
GB/T 28394—2012《道路施工与养护机械设备 沥青路面微波加热装置》
JB/T 10954—2010《沥青路面就地再生预热机》

8. 土方机械设备技术标准、规范

GB 25684.1—2021《土方机械 安全 第1部分：通用要求》
GB 25684.2—2021《土方机械 安全 第2部分：推土机的要求》
GB 25684.3—2021《土方机械 安全 第3部分：装载机的要求》
GB 25684.4—2021《土方机械 安全 第4部分：挖掘装载机的要求》
GB 25684.5—2021《土方机械 安全 第5部分：液压挖掘机的要求》
GB 25684.6—2021《土方机械 安全 第6部分：自卸车的要求》
GB 25684.7—2021《土方机械 安全 第7部分：铲运机的要求》
GB 25684.8—2021《土方机械 安全 第8部分：平地机的要求》

9. 其他机械设备技术标准、规范

JG/T 5013.2—1992《振动平板夯 技术条件》
JG/T 5013.4—1992《振动平板夯 可靠性试验方法》
JB/T 13973—2020《建筑施工机械与设备 振动平板夯》
JG/T 5014.2—1992《振动冲击夯 技术条件》
JG/T 5014.4—1992《振动冲击夯 可靠性试验方法》
JB/T 5957—2007《综合养护车 术语》

二、建筑机械的选用、购置与租赁

建筑施工企业的生产经营活动,需要使用多种建筑机械。由于建筑机械种类繁多,型号、规格、工作性能及作业特点均各不相同,需要建筑机械专业人员进行装备策划,以提高企业装备水平,拓展企业发展空间;同时合理设定管理体系,充分发挥机械设备的使用效率,力求降低生产成本,提高企业盈利水平。

(一)施工项目建筑机械选用的依据和原则

1. 建筑机械选用的主要依据

选择建筑机械的主要是根据本企业各施工项目的工程特点、施工方法、工程量、施工进度、施工条件以及经济效益等综合因素来决定。

2. 建筑机械选用的一般原则

随着社会的发展及科技的不断进步,建筑工程施工生产已经跨入了机械化时代,建筑机械化施工不仅提高了工程的施工效率,减轻了施工人员的劳动强度,同时也提高了施工工程质量,达到优质、高效、安全、低耗地完成工程建设任务的目的。选择建筑机械应遵循以下原则:

(1)性能的稳定性和先进性

例如,道路工程采用机械化施工,为提高施工效率,取得良好的经济效益,选取建筑机械时应首先考虑该机械是否具有较好的施工能力、稳定的性能、安全可靠的技术状态,同时要求低故障高效率等,应尽量采用性能稳定且较先进的建筑机械,以取得设备上的技术经济效益。又如高层建筑施工中塔式起重机的选用,既要考虑起重量、工作幅度,还要考虑各机构的运行速度,一些大型塔式起重机,具有先进的配置,优越的性能指标,工作机构稳定,运行速度快,工作效率高,可以加快工程进度,工期得以提前完成。

(2)较好的经济性

如在道路工程施工中必须考虑到施工的成本,因此在进行建筑机械选择时应以施工单价作为选择的重要基础,而施工单价与建筑机械的磨损及使用费用密切相关,故而在选择建筑机械时要考虑其抗磨损度及其使用价格,综合考虑工程量、机械损耗之后选取合适的建筑机械,以创造出最大的施工效益。又如在房屋建筑施工中,如要租赁起重设备,需要考虑租金的高低,应在满足施工进度和生产安全的条件下,选择合适的塔式起重机等起重设备,越经济越好。

(3)较好的工程适应性

建筑机械的选择必须与工程的特点相符,应以相应建设项目的现场地质及作业内容为主要依据，以适应工程现场周围的环境、施工特点、运距、高度及工程要求为标准，同时也要考虑建筑机械自身的工作能力、性能指标、施工效率等，避免出现建筑机械的施工能力无法满足工程的现象。例如，有些单位为了节省机械费，20多层的高层建筑选择QTZ40塔式起重机，由于小型塔式起重机自身的特点，附墙距离很近，需要频繁顶升锚固，影响工期。另外，其起升速度慢，效率低下，起重量小，起吊次数多，虽然月租金便宜，但租期加长，不仅总体费用没有节省，且与时间（工期）相关的其他成本也相应增加。

（4）良好的通用性或专用性

在保障工程质量及工程进度的前提条件下，应考虑建筑机械的通用性及专用性，通用性指的是建筑机械具备一机多用的功能，如挖掘装载机，其具备挖掘、装载、运输以及破碎松土等功能，具备通用性的建筑机械扩大了使用范围，优化了工程工序，因而在工程施工中起着重要的作用，但此类建筑机械一般属于小型建筑机械，适用于辅助类的小型工程；专用建筑机械的选择，应根据工程性质、工程质量、工程安全来决定。

（5）较高的安全性

施工质量、施工进度及施工安全被称为施工三要素，而施工安全作为整个施工工程的基础必须给予足够的重视，选择建筑机械，必须要衡量该机械是否安全可靠，是否会对工程施工人员及其他建筑机械造成威胁。

（二）建筑机械的购置与租赁

施工企业的建筑机械来源除自购以外，还可通过实物租赁方式获取。目前全国建筑机械的租赁市场已经形成，各种建筑机械租赁公司达到几万家，设备拥有量已经占到建筑机械总量的70%左右，很多施工企业对所需要的建筑机械都通过社会租赁来解决。租赁公司向施工企业出租建筑机械，大多数租赁企业负责建筑机械的操作和维修。

1. 购置的条件

较大的施工企业具备一定的资金与人员实力，可自己购买建筑机械，用于本单位施工项目使用，施工企业应配备操作、维修及机械管理人员，负责建筑机械的管、用、养、修及安装拆卸等全面管理工作。

企业应综合考虑自身和市场环境因素进行设备购置的可行性分析。综合对比建筑机械管、用、养、修及安全管理方面的投入情况，建筑工程的规模、工期和资金因素，项目所在地的市场环境、地理位置和运输便捷性，设备生产厂家维保条件和设备后期利用率等因素来购置。

2. 租赁的条件

在建筑机械租赁市场发育完善、社会设备资源丰富的地区；或当建筑工程规模较小，大型建筑机械利用率偏低，施工企业及项目资金紧张时；或现有建筑机械不能满足施工要求，费用高，不经济，外租设备可以实现项目效益最大化时；或企业建筑机械管理人员素质尚不能满足自有设备管、用、养、修要求时，应优先选择租赁方案，因其具有经济合理、安全运行、有效管理等优点。

总之，施工企业及项目部应根据工程的特点，结合施工进度的要求，在认真调研的基础上对使用的大型建筑机械成本、维修管理、安全使用等方面进行分析比较，从经济、安全角度出发决定是选择自购大型建筑机械还是承租建筑机械。

3. 建筑机械购置与租赁的比较

（1）建筑机械购置优点

1）拥有资产所有权，资产增加，提高企业技术装备水平，增强企业发展后劲；

2）通过购置装备，配套使用，增强企业的机械化施工能力和市场竞争力；

3）自有设备不受租赁环境的影响，随用随到，保障工期。

（2）建筑机械购置缺点

1）需要投入大量宝贵资金，一次性投入较大，占用资金；

2）不能保证设备长期高利用率，资产周转灵活性受限；

3）需要配备管理及维修操作人员，日常管理及维护费用大。

（3）建筑机械租赁优点

1）建筑机械品种选择性大，可以选用性能先进、使用高效、安全的建筑机械；

2）减少建筑机械购置一次性投资，由于变买为租，使施工企业将固定成本转化为可变成本，减少固定资产的投入，增加资金的流动性，使施工企业在竞争中处于有利的位置；

3）施工项目由直接管理变为监督管理，避免了琐碎的管理事项，集中精力用于施工生产；

4）减少维修使用人员的配备和维修费用的支出；

5）租赁时间长短可以根据工程确定，没有施工任务就不发生建筑机械费用，不占压资金，避免自购建筑机械闲置问题；

6）选择良好的租赁公司，专业租赁公司可凭借专业人才、技术、设备优势弥补施工企业建筑机械管理中的不足。综合实力较强的租赁公司，还可以为施工企业提供全方位的服务。

（4）建筑机械租赁缺点

1）租赁期间承租人对租用设备无所有权，只有使用权；

2）租赁公司作为专业分包，如果建筑机械维修保养及管理跟不上，不仅会影响施工进度，甚至会导致安全事故的发生；

3）有些建筑机械市场上难以租到，设备选择性小，有些地区没有成熟的租赁市场环境；

4）过度依赖租赁建筑机械，存在市场风险。

（三）建筑机械购置的基本程序及注意事项

1. 建筑机械的购置申请

根据工程需要新增或更新购置设备时，通常是企业机械管理部门办理机械设备购置申请手续，经主管领导审核、报总经理审批后，由机械管理部门负责办理。施工项目需要的大型建筑机械的购置，是由施工项目部根据工程施工组织设计的设备配置，提出建筑机械购置申请，公司有关部门办理。施工项目部需要的中小型建筑机械，经公司批准后由分公司或施工项目部自行购买。对于设备的购置管理，一般公司都制定了严格的规章制度，具体程序按照企业制度执行。

2. 建筑机械购置及注意事项

（1）建筑机械购置，重点要研究购置建筑机械的厂家、型号、性能、价格、购置方式等内容。需要对建筑机械的安全可靠性、节能性、生产能力、可维修性、耐用性、配套性、经济性、售后服务及环境等因素进行综合论证，择优选用。对大型关键建筑机械，要对制造企业进行考察，对已经使用该产品的用户进行调查，要充分了解该设备的质量、性能、安全及适应性。

在价格和付款方式上，要求价格合理，在企业资金能力条件允许下，尽量分期付款或延长付款周期，以缓解企业一次性付款造成的资金压力。在交货时间上，保证时间，满足生产需要。总之要做到：货比三家，互相竞争，综合比较，择优选购。

（2）购置进口建筑机械，建议通过外商驻国内机构、高级代理商或获取外商联系方式直接沟通，应参与进口机械设备的质量、价格、售后服务、安全性及外商资质和信誉度的评估、论证工作和有关谈判工作，最后决定拟采购进口建筑机械的型号规格和生产厂家。进口建筑机械所需的易损件或备件，在国内尚无供应渠道或不能替代生产时，应在引进主机的同时，适当地订购部分易损、易耗配件以备急需用。

（3）经过选择确定机型和生产厂商后，由建筑机械管理部门和采购部门向生产厂商或供应商办理订购具体事宜，签订订货合同或订货协议。订货合同必须手续完备，填写清楚。合同内容应包括：设备名称、型号规格、生产厂家、注册商标、数量；产品的技术标准、技术要求和必要的质量保证要求以及包装标准。产品的交货单位、交货方法、运输方式、到货地点、安装验收方式、售后服务条款、签订合同单位和接（提）货单位或接（提）货人；交（提）货日期及检验方法；产品的价格、结算方法、结算银行及账号、结算单位；以及双方需要在合同中明确规定的事项，违反合同的处理方法和罚金、赔款金额等。订货合同经双方签章后就具有法律效力。国内合同条款按《中华人民共和国民法典》合同编和国家有关规定执行。订货合同签订后，要加强合同管理，并派专人及时归类登记。

（四）建筑机械租赁的基本程序及注意事项

1. 租赁建筑机械的选择

在决定通过租赁方式解决施工项目所需建筑机械后进行设备选择。多台同一种建筑机械，可以在一个租赁公司租赁，也可以在多家租赁公司租赁；同一个租赁公司也可以租赁多种设备。设备的选择要求是：名牌厂家产品；新设备或年限较短的设备；同等价格下，尽量选择性能先进的设备。

2. 租赁公司的选择

在建筑机械租赁市场比较完善的地区，租赁公司的选择的余地较大，如何选好租赁公司，对施工生产影响较大。基本条件是：信誉好、服务好、设备好、管理好。要对租赁公司进行调查了解，在众多租赁公司中筛选出几个优质合格的备选公司，列入施工企业设备租赁合格供应方目录中。要组织有关技术及管理人员，去租赁公司考察，了解公司管理情况，通过查、看、聊等方式了解公司的管理情况、员工的精神面貌及企业管理运作水平；了解企业设备及安全管理体系建设情况，是否保证设备运行稳定、安全使用；了解企业服务体系，服务的软硬件设置，是否能够把用户利益放在首位，做到用户满意；了解所要租赁的设备实物，看设备是否维修保养完毕，且设备技术状况良好，能够适用工程使用；进一步商谈租赁价格，了解"物与价、价与服务"是否合理，关于租赁价格，通常是管理好服务好的品牌公司价格较高，但是使用放心可靠；管理较弱的小公司价格较低，设备维保及服务力量薄弱；名牌设备、进口设备租赁价格较高，小厂杂牌设备租赁价格较低。通过综合比较，确定租赁公司。

3. 租赁建筑机械管理要点

（1）设备租赁时项目施工应向公司机械主管部门上报建筑机械租用计划，根据公司管理要求统一规划协调，由项目部负责实施建筑机械租赁的具体工作。项目部应集中统筹规划不同规格不同种类的设备使用及进出场工作，大型起重设备应由总承包单位组织租赁，不得转租。

（2）各项目部必须建立建筑机械租赁台账、租赁机械结算台账、租赁合同台账；每月上报租赁机械使用报表。

（3）项目部应设专人管理，建立良好的建筑机械租赁联系网络，以保证在需要租用建筑机械时，能准时按要求进场。

（4）建筑机械租赁时，要严格执行企业合同管理规定，大型建筑机械租赁合同须报公司主管部门批准后方可生效。

（5）租用单位要及时与出租单位办理租赁结算，杜绝因租赁费用结算而发生法律纠纷。

（6）合同生效后，租用双方应严格遵守合同条款。

4. 租赁合同

租赁合同是出租方和承租方为租赁活动而缔结的具有法律性质的经济契约，用以明确租赁双方的经济责任。承租方根据施工生产计划，按时签订建筑机械租赁合同，出租方按合同要求如期向承租方提供符合要求的机械，保证施工需要。

合同条款应包括机械编号（或建筑起重机械备案编号）、机械名称、规格型号、租赁起止日期、租赁方式、租赁价格、费用结算、双方责任和其他等有关内容。合同由项目经理或公司有关负责人签字、加盖法人单位印章，报公司有关部门备案。合同中涉及主要几个问题如下：

（1）设备情况：包括型号、参数、主要性能、配置等，应在合同中标注清楚。如塔式起重机应注明臂长、高度、起重量等重要使用参数。

（2）租赁方式：应明确是按照台班租赁还是日租赁、月租赁、年租赁、工作量等哪一种租赁方式；根据建筑机械的不同情况，采取相应的合同形式；能计算实物工程量的大型机械，可按施工任务签订实物工程量承包合同；一般机械按单位工程工期签订周期租赁合同；长期固定在班组的机械（如木工机械、钢筋、焊接设备等），签订年度一次性租赁合同；临时租用的小型设备（如打夯机、水泵等）可简化租赁手续，以出入库单计算使用台班，作为结算依据。

（3）租赁价格及计租方法：应明确采用何种租赁方式计量租金，目前有日租金、台班租金、月租金、年租金、单位工作量租金等多种租金方式。例如，台班租赁收费办法：以8小时为一个台班，不足8小时按一个台班取费，一般来讲，台班是最合适的最小结算单位。

（4）租金结算及支付方式：应明确、清晰，避免为此发生纠纷。一般每月做结算单，按合同约定的时间支付。

（5）操作和维修：确定操作人员由哪一方派出，工资等由谁支付，人数，每天工作时间；设备维修由哪一方负责，约定最长故障维修时间，因设备故障停机时间而发生的违约条款。

（6）计停租时间：包括计租时间、停租时间、停滞时间等明确具体方式。

（7）违约条款：明确违约责任、赔偿标准等，若任何一方违反条款，所造成的经济损失由违约方负责。

（8）其他：如设备及附件交接方式。

目前一些省市建设主管部门都已经编制了统一的标准租赁合同格式，并与当地工商部门联合下发，可以按照标准合同格式签订。某市的《建筑施工机械租赁合同（合同示范文本）》见附件。

特别注意，有关进出场费：大型建筑机械一般包括进出场费、安装拆卸费和运输费等，运输费主要根据运输距离决定；安装拆卸费根据安装拆卸的高度、复杂程度决定；起重设备安装及拆卸工程属于专业承包序列，需要具有相应资质的专业承包施工企业承揽，总承包单位应承担主要管理责任，应由总承包单位与分包企业直接签订专业分包施工合同。

5. 建筑机械租赁注意事项

（1）施工企业要有设备专业技术及管理人员，随时了解掌握设备租赁市场情况，包括价格走势、企业信用、服务口碑、设备装备等有关情况。规模较大、难度较高或条件复杂的项目，项目部或企业机关应提前进行设备使用布置规划，尤其是垂直运输和水平运输的设备规划，应提前对设备布置、进出场时间、交叉作业工艺和节点做法进行设计确定。

（2）查看租赁公司和安拆公司的相应资格。对有特殊要求的设备，在租赁设备时要查看其是否取得国家相关部门的经营许可证和生产厂家的制造许可。

（3）一旦选择比较满意的设备租赁公司，应建立长期的合作关系，彼此互相了解，便于随时调用设备，使租赁公司成为你的长期设备供应商，共同为施工服务。

（4）不要过于追求低租金，价格过低，服务难以保证，不但影响设备正常使用，进而影响工期，还有可能发生安全事故，给施工企业带来极大的损失和不良影响，到最后租赁费用总额反而增大。

（5）承租的施工单位要端正租赁态度，做好合作，应当把租赁公司当成企业的合作伙伴，而不是低人一等的配套公司，要平等相处，互相配合，安全、顺利地完成施工生产工作。

（6）承租的施工单位要遵守租赁合同条款，按时支付租金。很多承租方不按时支付租赁，给租赁单位带来很大的资金压力，由此产生很多矛盾，进而影响服务质量。

三、建筑机械安全运行与维护

（一）建筑机械安全运行管理体系

企业是安全生产管理的主体，必须建立建筑机械安全运行管理体系，严格遵守和执行安全生产法律法规、规章制度与技术标准，依法依规加强安全生产，确保安全投入，健全安全管理机构，加强班组安全建设，保持安全设备设施完好有效。企业主要负责人要切实承担安全生产第一责任人的责任，加强现场建筑机械安全管理，要采取多种预防手段和管理措施，把机械设备的安全管理贯穿于机械设备管理的全过程。

1. 建立健全建筑机械安全管理制度

建筑机械安全管理制度是施工企业管理的一项基本制度，覆盖设备管理的全过程。企业应根据国家有关法律法规结合本单位情况，制定本单位的各项建筑机械安全管理制度。制度应明确管理要求、职责、权限及工作程序，确定监督检查、考核的方法，形成文件下发并实施。

2. 建立安全生产责任制

安全生产责任制是施工企业安全管理最基本的一项制度。安全生产责任制是安全生产管理工作中的重要组织手段，通过明确规定各级领导、各级管理部门、各类管理及作业人员在施工生产中的岗位和安全责任，把建筑机械安全管理与各部门、所有人员的工作联系在一起，强化企业各级安全生产责任，增强员工安全生产意识，形成全员抓管理、人人管安全的局面。安全生产责任制要确定安全管理目标，并进行分解落实、监督检查、考核奖罚，确保每个员工、每个部门都能认真履行各自的安全责任，实现全员安全生产。

3. 健全管理机构、配备管理人员

住房和城乡建设部文件：《关于印发〈建筑施工企业安全生产管理机构设置及专职安全生产管理人员配备办法〉的通知》（建质〔2008〕91号），规定了安全管理机构的设置和人员配备。其中：

第五条：建筑施工企业应当依法设置安全生产管理机构，在企业主要负责人的领导下开展本企业的安全生产管理工作；第八条：建筑施工企业安全生产管理机构专职安全生产管理人员的配备应满足下列要求，并应根据企业经营规模、建筑机械管理和生产需要予以增加：

（1）建筑施工总承包资质序列企业：特级资质不少于6人；一级资质不少于4人；二级和二级以下资质企业不少于3人。

（2）建筑施工专业承包资质序列企业：一级资质不少于3人；二级和二级以下资质企

业不少于2人。

（3）建筑施工劳务分包资质序列企业：不少于2人。

（4）建筑施工企业的分公司、区域公司等较大的分支机构（以下简称分支机构）应依据实际生产情况配备不少于2人的专职安全生产管理人员。

建筑机械管理是一项技术性较强的专业管理，技术含量高，专业性强，危险性大，需要由专门的机构和专业人员来管理。施工企业建筑机械管理机构主要负责建筑机械购置、安装、使用、安全等综合管理工作，施工项目须配备建筑机械管理人员，主要负责建筑机械的进场验收、安装拆卸、维修保养、合理使用、检查巡查等具体设备管理工作，配合专业管理机构来保证设备管理各项措施的落实，确保设备的安全稳定运行，达到安全生产的目的。通过高效有序的建筑机械管理工作，可以使企业建筑机械装备的效能得以充分发挥，延长设备使用寿命，提高企业经济效益。

4. 机械员的工作职责

施工现场机械管理机构由各单位或项目根据自身需要来设定，较大的施工项目会设置机械部，配置多名机械管理人员，分工负责施工项目的机械管理工作。专职机械管理人员的数量，由施工项目的规模和管理模式决定。机械员的主要工作职责是：

（1）机械管理计划

参与制定建筑机械使用计划，负责制定维护保养计划；参与制定建筑机械管理制度。

（2）建筑机械前期准备

参与施工总平面布置及建筑机械的采购或租赁；参与审查特种设备安装、拆卸单位资质和安全事故应急救援预案、专项施工方案；参与特种设备安装、拆卸的安全管理和监督检查；参与建筑施工机械的检查验收和安全技术交底，负责特种设备使用备案、登记。

（3）建筑机械安全运行控制

参与组织建筑机械设备操作人员的教育培训和资格证书查验，建立建筑机械特种作业人员档案；负责监督检查建筑机械的使用和维护保养，检查特种设备安全使用状况；负责落实建筑机械安全防护和环境保护措施；参与建筑机械设备事故调查、分析和处理。

（4）建筑机械成本核算

负责建筑机械台账的建立；负责建筑机械设备常规维护保养支出的统计、核算、报批；参与建筑机械设备定额的编制；参与建筑机械租赁结算。

（5）建筑机械资料管理

负责编制建筑机械安全、技术管理资料；负责汇总、整理、移交建筑机械资料。

5. 建筑机械安全生产事故应急救援

施工单位应当根据施工单位状况和施工现场情况，编制建筑机械事故应急救援预案，其目的在于，一旦突发事故，及时、有序地救援，减少事故对施工人员、周边居民和环境的危害。

（二）建筑机械运行控制

为保证现场机械设备安全运转，完成预期生产任务，实施的管理、操作、维修保养行为，统称为机械运行控制，这是现场机械员的主要工作内容。施工现场机械运行控制方法主要有组织措施、技术措施、后勤保障措施等。现场施工机械运行控制的主要内容有：

（1）机械施工技术方案的编制应根据施工组织设计，按照时间节点要求，选配施工机械进场，安装及使用，保证生产需求。

（2）根据施工进度，合理匹配操作人员，如基础施工、浇筑混凝土等需要多班作业，应在人员上给予保证；特殊时段、关键工序要绝对保证设备不出故障，则要采取绝对保证措施。

（3）机械设备维修保养，通过日常保养、预防维护、定项修理、零部件储备等一系列措施，降低设备故障率，提高设备完好水平，保证施工生产正常运行。

（4）开展定期检查和巡查，及时发现设备问题，及时维修解决，发现违章操作行为，及时纠正，发现管理问题，及时整改完善，以保证设备安全使用。

（5）根据施工生产进度，调整设备使用时间、临时调用、维修时间以及安装拆卸时间进度。

（6）对租赁设备，建立租赁台账，记录设备进场、出场时间，确定开机与停租时间等，用于对设备租赁结算及管理；对操作手、信号工、维修工等建立台账，用于日常使用监管；对作业时间、运转时间、维修时间等运行情况进行记录，用于对租赁使用状况的评价。

1. 建筑机械维修人员

施工现场应该配备维修班组，自有设备的，项目应根据设备特点配备专业维修人员，便于对设备及时维修。特别是高大难深工程、重点工程、大型设备、关键施工部位节点等，必须有专业的设备维修力量。维修人员包括机械、电气、液压及电子等维修专业，做好日常维保、修理和应急抢险工作，确保设备及施工安全。

维修人员经过专门的理论学习和实际维修技能训练，能够胜任设备的维修工作。由于施工单位不同、设备种类不同、技术工种不同，一般综合性的施工机械公司或租赁公司，其维修人员是按照专业设置的，小规模的施工项目或租赁公司则需要机电一体化的、具有综合专业技能的维修人员。

维修业务也可以委托设备生产厂家或其他有资格的专业公司进行，部分精密或关键性部位部件的维修还应得到设备生产厂家或相关技术手段的评价或确认。

维修人员的基本要求是：熟悉建筑机械构造和工作原理，掌握建筑机械维修技术标准和工艺规程，掌握建筑机械维修过程中的零件、总成及整车维修质量检验；对故障机械进行技术鉴定，判断故障部位及原因。

2. 建筑机械操作人员

建筑机械操作人员中的特殊工种作业人员应持建设主管部门颁发（或认可）的有效证

件,持证上岗;其他建筑机械操作人员也应经培训考核后上岗,并建立建筑机械操作人员花名册。对操作人员的基本要求是:

(1) 做到"四懂""四会"

一名合格的建筑机械操作人员,应该钻研技术,掌握技能,成为高水平的"蓝领",这也是设备高效使用和安全运转的基础,所以建筑机械操作人员要努力做到"四懂"(懂原理、懂构造、懂性能、懂用途)、"四会"(会使用、会保养、会检查、会排除故障),其中"四懂"是操作人员的基础,通过"四懂"达到"四会"的目的。

会使用:熟悉建筑机械结构,掌握建筑机械的技术性能和操作方法,并熟悉操作规程,正确使用,不超负荷使用设备。随时观察,发现异常要立即查明原因,采取措施并掌握事故的紧急处理方法。

会保养:熟悉建筑机械润滑的部位和方法,掌握建筑机械润滑的油质、油量、换油周期;按规定做好建筑机械的润滑和冷却;对设备进行清洁,无锈蚀、不漏油、不漏水、不漏电;使控制系统灵敏可靠;保证建筑机械部件(附件)及安全防护装置完整有效。

会检查:熟悉建筑机械检查的注意事项、基本知识、精度标准、检查项目;能熟练应用仪表、仪器、量具、工具。

会排除故障:在熟悉建筑机械性能原理、构造、零部件组合情况的基础上,能鉴别建筑机械的异常声响和异常情况,及时判断异常部位和原因,并能排除一般故障;在建筑机械发生故障或事故时,能应急处理,防止事故扩大,及时报告有关部门检查、分析原因,并采取相应措施。

(2) 执行"十字"作业方针

现代设备管理要求的是全员参加的设备管理维修体制,机械操作者应以"我的设备我维护"的理念投入工作中,坚持对设备进行检查保养,执行"十字"作业,即清洁、调整、润滑、紧固、防腐,可以延长设备的使用寿命,排除安全隐患。

机械操作人员通过学习设备的基本知识,能进行正确的操作,减少故障、事故;

机械操作人员掌握日常检查和保养技能,能够早期发现异常,事前防止故障、事故发生;

通过日常的清洁、清理、润滑,能够提高异常的发现、修复、改善技能,以降低设备故障率,达到设备利用的极限化。

(三) 建筑机械检查与安全评价

1. 建筑机械检查

建筑机械检查是建筑机械使用、安全管理的重要手段,是落实建筑机械管理制度和各项安全技术规程的有效措施。通过检查及时发现问题、处理故障,消除安全隐患,对保证建筑机械安全高效运转有十分重要的作用。

检查标准企业可以根据自有设备情况制定,目前采用的设备安全检查标准主要是:《施工现场机械设备检查技术规范》JGJ 160—2016、《建筑施工安全检查标准》JGJ 59—2011及其他标准和规范。

(1) 建筑机械检查活动分为日常检查、定期检查、特殊检查等多种检查形式。

日常检查：日常检查应在每个工作班次开始作业前，对起重机械进行目测检查和功能试验，以发现有无缺陷。

定期检查：定期检查按周期可分为周检、月检、季检、半年检和年检。应根据不同的起重机械确定具体的检查周期、检查项目和检查方法。年检时应为全项目检查，一般由公司设备、安全及相关部门组成检查组，对建筑机械进行全面检查、评分、总结。

特殊检查：建筑机械在自身情况发生变化或者外界环境发生变化时，应进行特殊检查，通常包括启用检查、雨期检查、冬期检查以及各专项检查。

对于需要在现场进行组装、安拆的大型设备，还应进行入场检查。在设备组装前进行各部位检查，能及时发现明显的损伤情况，有效地规避安装后发现问题的拆改更换等风险。例如塔式起重机的起重臂有损伤且未在安装前检查发现，待设备开始使用后不仅维修更换的成本更高、风险更大，而且随着工程进展有可能已经没有了可以维修操作的环境和条件。

(2) 检查的安全预防措施如下：

① 应观察进行检查的地点和邻近区域，并应设置警示标志和安全工作区域。

② 如果遇到极端天气条件，应推迟检查。

③ 如果预测到由于不坚固的地面条件会导致危险，应将起重机械移动到具有坚硬地面条件的地点或采取其他措施加强地面条件。

④ 检查人员应配备个人随身保护装置（如：防护鞋、安全帽、安全带或防护眼镜），如果在检查中存在高处坠落危险的情况，则应合理防护。

⑤ 应采取防止触电的措施。

⑥ 在检查中，除由指定人员给出指令外，严禁闭合或断开电源开关。

⑦ 如检查中需进入有电击危险的位置，应确保断开电源开关，给出"正在检查"的警示标志，锁上或派人员看守；对控制室应设有"正在检查"的警示标志。

⑧ 在检查中，除由指定人员给出指令外，严禁操作起重机械。

⑨ 当两台或多台起重机械安装在同一轨道或同一场所工作时，应有防碰撞措施。

⑩ 载荷试验前，应检查吊具附件和试验载荷是否有缺陷。

⑪ 严禁其他人员进入危险区域，除非经过授权。

⑫ 如果预测到臂架伸缩、回转和变幅会危及邻近高压电线、建筑物或公路，应禁止进行操作。

⑬ 定期检查和特殊检查工作应由2个或2个以上检查人员一起进行。

⑭ 检查时应有足够的照明。

2. 建筑机械安全评价

建筑机械安全评价，是通过施工现场建筑机械设备管理检查，对机械设备运行管理状态的评价，为以后机械的安全运行管理方案改进、调整提供依据。现场建筑机械安全评价方法分为检查表法、专家评议法、故障分析法、事件树分析法、危险指数评价法。

目前现场多采用检查表式检查评价方式，安全检查表是依据相关的标准、规范，对工程、系统中已知的危险类别、设计缺陷以及与一般工艺设备、操作、管理有关的潜在危险性和有害性进行判别检查。为了避免检查项目遗漏，事先把检查对象分割成若干系统，将检查项目内容列表，这种表就称为安全检查表。

(1) 安全检查表编制的主要依据

1) 国家、地方的相关安全法规、规定、标准和规范，行业、企业的规章制度、标准及企业安全生产操作规程。

2) 国内外行业、企业事故统计案例、经验教训。

3) 建筑行业及企业安全生产的经验，特别是本企业安全生产的实践经验，引发事故的各种潜在不安全因素及杜绝或减少事故发生的成功经验。

4) 对机械设备进行分析得出能导致引发事故的各种不安全因素的基本事件，作为防止事故控制点而列入安全检查表。

(2) 安全检查表编制注意事项

1) 编制安全检查表力求系统完整，不漏掉任何能引发事故的危险关键因素。

2) 安全检查表内容要重点突出，简繁适当，有启发性。

3) 安全检查表的项目、内容，尽量避免重复。

4) 安全检查表的每项内容要定义明确，便于操作。

5) 安全检查表的项目、内容要涵括对应机械环境的变化和生产异常情况的全方面内容。

《建筑施工安全检查标准》JGJ 59—2011 中，统一了大部分机械设备管理内容评价，各企业也可以根据情况及管理目标内容制订评价表。

检查时对存在的问题应作好记录，在检查表中写明扣分原因，扣减分、实得分，给出每项合格与不合格的判断；各项汇总后得出设备整机检查总分数，按照评审标准，给出这台设备检查评价：合格、不合格。检查结果应作为对操作司机以及作业班组、施工项目设备管理工作的考核依据。

(四) 建筑机械的维护保养

随着建筑机械化水平的不断提高，建筑机械已成为影响工程进度、质量和成本的关键因素。及时正确的维护保养，可以保证施工现场建筑机械经常处于良好状态，提高利用率，是工程得以正常、顺利进行的重要保障。

1. 建筑机械使用环境

建筑机械在使用过程中，由于磨损、腐蚀、外力破坏，工作环境改变或应用情况改变可能导致建筑机械不能满足某种程度的设计使用性能。根据常见的建筑机械重大故障因素调查、分析显示，缺少维护保养是造成建筑机械重大故障的原因之一。为避免出现类似情况要通过对建筑机械的维护、保养以使建筑机械满足一定的使用要求。

(1) 建筑机械施工作业特点

1) 地理条件恶劣。工作地点大多在野外，露天作业。

2) 气候条件差。野外施工的气候条件极其恶劣，温度、湿度过高或过低都会使得建筑机械工作不稳定。

3）受季节影响大。

4）带有突击性。突击作业（俗称"抢工"，主要方式为人员分组轮转作业，设备高强度连续运转）使得机械的日工作小时、施工期的利用率大大提高、机械设备得不到及时保养，大负荷工作时间长。

5）对环境要求高。施工的气候条件和地理条件使得工程机械的润滑不及时；气温过高使润滑油黏度下降，油压下降；气温过低，润滑油黏度增加，油液不易到达润滑部位，润滑效果差；工地空气中的粉尘量大，使油液杂质增加，气温过高又会加速油液的氧化，这些都会导致润滑油的品质变差；机械表面经常布满的灰尘和泥土，不仅会增加金属结构腐蚀的风险，还增加了润滑工作的管理困难，使得建筑机械工作装置和行走机构磨损加剧。

（2）建筑机械损坏规律

1）非正常碰撞、冲击或其他原因，机械易发生主要结构变形、工作机构移位、零部件损伤。

2）环境粉尘异物，造成运动机件磨损、卡塞损伤失效。

3）使用环境腐蚀物，造成运动机件密封件损伤失效。

4）持续工作负荷大或工作负荷突变，造成运动机件断裂损伤失效。

5）长期维护保养缺失，造成运动机件非正常磨损失效。

（3）减少建筑机械的无形磨损

由于建筑机械大部分是露天作业，作业地点经常变动，所以其性能受到作业场地的温度、环境、气候等因素的影响很大。日常使用中应关注环境因素对使用机械的影响（环境温度不利、钢结构性能下降、无法启动、液压系统无法工作等故障），采取相应的保护性或适应性措施，避免建筑机械性能降低、使用寿命缩短以及事故发生的可能性。

2. 建筑机械维护保养

维护与保养的区别主要在于工作量的不同，对于较小劳动量、较低技术要求、较经常性的活动和由设备使用工人来完成的活动，一般称为维护。反之，保养指较大劳动量、较高技术要求，要定期更换已磨损零件或元器件，由专职维修工人参与完成的活动。在一般情况下，维护和保养可以统称为维保，可视为相近的概念和工作内容。

（1）设备维护保养工作应达到"四项要求"，即"整齐、清洁、润滑、安全"。

"整齐"指工具、工件、附件放置整齐、合理；装置、线路、管道齐全、完整；零、部件无缺损。

"清洁"指设备内外清洁，无灰尘、无黄袍、无黑污锈蚀；各滑动面、丝杆、齿条、齿轮等处无油垢；各部位不漏水、不漏油、不漏汽（气）；切屑、垃圾清扫干净。

"润滑"指按时加注或更换润滑油或脂，油质、油量符合要求；油壶、油枪、油杯齐全，油毡、油线清洁，油标醒目，油路畅通。

"安全"指实行定人、定机和交接班制度；使用工人熟悉设备性能、结构、原理和工艺流程，持证操作，合理使用，精心维护；各种安全防护装置齐全、可靠；控制系统正常，接地良好，无事故隐患。

（2）建筑机械按维护作业通常可分为计划性维护、非计划性维护。建筑机械各级维护由于建筑机械结构不同、使用条件不同，其性质和具体工作内容有所变化。

1）计划性维护应结合建筑机械的工作级别、工作环境及使用状态，确定计划性维护的内容和周期，一般可以按照日常、每周、每月、每季度和每年进行设计。

日常维护，通常在每班前进行。它是各类保养的基础，内容可归纳为"十字作业"，即清洁、润滑、紧固、调整、防腐。重点是润滑系统、冷却系统及操作、转向、制动、行走等部位等。日常维护的实质是为了维护建筑机械处于完整和完好的技术状况，保持建筑机械完全有效运行。日常维护由操作者执行，其主要内容包括建筑机械每日运行前和运行中的检查与消除运行故障，以及运行后对建筑机械外表养护，添加燃料和润滑油料，检查与消除所发现的故障。

周维护、月维护、季度维护等可以根据不同部位的情况进行判定和设计，一般来说每个维护级别应在前一级别的基础上增加此前未涉及的部位，建筑机械的主要部件至少应达到每年维护一次。

2）非计划性维护可以根据前次检查的结果进行对应设计，例如检查后针对问题维护整改；或者根据环境条件变化或者突发情况来实施，例如移装期间维护或停用维护。

3）紧急维护（抢修），使用、检查过程中发现了严重部件隐患或者损坏情况，应立即停用，并按照相关应急预案的要求执行抢险或者更换部件等抢修工作。

4）维护结果验证，对完成维护的项目应进行相应的验证，例如，运行试验等，验证合格后才能正常使用。

5）维护记录

建筑机械进行的所有维护均应以相关标准或产品手册、说明书等生产厂家指导性文件为依据，由指定的人员来实施，按时保质完成并留存相应维保、更换配件等详细资料并签认，确保设备使用、维修、保养等全生命周期流程记录齐全并可追溯。维护记录内容应包含以下几方面：

① 维护的日期和地点。
② 维护人员签名和其所属单位的名称。
③ 被维护设备的名称、型号、出厂编号（或其他唯一识别信息）及主要参数等。
④ 各维护部位、项目，维护方法及维护结果。
⑤ 对维护结果验证的说明。

6）维护的安全预防措施

① 大风、雷雨、冰雪严寒、大雾等恶劣天气下，严禁在室外进行维护作业。
② 起重机械应停放在不受干扰的区域。
③ 若起重机械上带有载荷，应将载荷卸下。
④ 应设有"正在维护"的警示标志，控制器或操作仪表盘的开关应被锁定在"断开"挡位，应只有指定人员才能进行标识和（或）锁定。
⑤ 如果上方的维护作业会对下方造成危险，应在下方使用警示标志并设置警戒区域。
⑥ 在拆卸有压力的装置前，应先释放压力。
⑦ 在拆卸机构前，应对机构进行卸载。
⑧ 维护人员应配备个人随身保护装置（如：防护鞋、安全帽、安全带或防护眼镜），如果在维护中存在高处坠落的风险，则应合理防护。

⑨ 维护时应有足够的照明。
⑩ 应采取防止触电的措施。
⑪ 应使用安全可靠的工具。
⑫ 焊接时,应采取适当的防护。
⑬ 维护作业后和起重机械恢复正常工作之前,应重新安装防护设施;恢复安全防护装置,若有必要,应对安全防护装置重新进行校准;并由指定人员解除标志和(或)锁定。
⑭ 维护时应采取必要的消防措施。
⑮ 维护工作完成后,应拆除维护中设置的临时设施,并清理现场。

(五)建筑起重机械专项应急救援预案

生产经营单位安全生产事故应急预案是国家安全生产应急预案体系的重要组成部分。建筑起重机械安装及使用过程中可能面临多种自身事故及生产安全事故,因此施工总承包单位及安装单位,应针对建筑起重机械的特点,编制建筑起重机械专项应急救援预案,其目的是一旦突发事故能够及时、有序地开展救援,减少事故损失。

1. 建筑起重机械专项应急救援预案编写依据

建筑起重机械专项应急救援预案的编制,应依据《生产经营单位安全生产事故应急预案编制导则》GB/T 29639—2020,结合本单位情况和危险源状况、危险性分析情况和可能发生的事故特点制定相应的专项应急预案。

2. 建筑起重机械专项应急救援预案编写要求

(1)适用范围

建筑起重机械专项应急救援预案(以下简称专项预案)根据施工作业的情况和作业人员的不同,通常分为两个过程分开编写,分别是安拆过程应急预案和使用过程应急预案。

根据《生产安全事故应急预案管理办法》(2019应急管理部令2号修正)要求,生产经营单位为应对某一种或者多种类型生产安全事故,或者针对重要生产设施、重大危险源、重大活动防止生产安全事故而制定的专项性工作方案称为专项应急预案。因此对应施工过程的主要实施单位和强相关单位应根据自身活动情况编写应急预案。施工现场建筑起重机械的使用方和主要管理方为总承包项目部,使用过程应急预案应由总包方编写;安拆作业一般由专业分包实施并在总包现场统一管理,因此安拆作业应急预案可以由安拆专业单位和总包方分别编写,侧重点可以不同。例如:安拆单位应急预案可以更多侧重于现场处置,总包单位专项应急预案侧重于现场救援等。

另外,施工现场内的所有专项应急预案都应与总包方编制的施工项目整体应急预案相关联,同时纳入总包方的审批和管理流程。专业分包编写的专项预案还应与分包单位自身的应急预案相关联。

(2)内容要求

专项预案的内容主要包括:应急组织体系,指挥机构及职责,危险源及有害因素辨识，事故类型和危险度分析，危险监控预防措施，应急响应，应急物资及装备保障等。

1) 应急体系和指挥机构

专项预案中应明确应急组织形式、构成人员、指挥和工作职责等，尽可能以结构图的形式表示出来。

2) 危险源辨识与防控

专项预案中应明确生产活动或作业过程中的各个危险源及可能事故类型和危险程度，并针对每个危险源进行监控和辨别预防措施是否有效，同时明确对危险源监控预警的方式和方法。

3) 应急响应和保障

专项预案中应明确信息报送的程序，包括各级信息报告、信息接收和通报内容以及各级机构的权限；响应分级的判定方法和分级响应流程；应急保障的措施和对接方式渠道等。预案编制前，还应对应急资源进行评估，以确定最合理的处置和保障方式。

4) 培训与演练

明确对相关人员进行培训和演练的计划、方式和要求等，还应包括与相关应急响应的对接设计等。

(3) 管理要求

1) 应急预案的管理实行属地为主、分级负责、分类指导、综合协调、动态管理的原则。施工现场的任何一项作业都不是独立存在的，专项应急预案应纳入综合应急预案管理体系，生产企业应急预案应关联所在行政区域的综合协调管理工作。施工现场内涉及的应急预案均应在总承包单位的管理系统内。

2) 生产经营单位主要负责人应当根据有关法律、法规、规章和相关标准，结合本单位组织管理体系、生产规模和可能发生的事故特点，负责组织编制和实施本单位的应急预案，与相关预案保持衔接，并对应急预案的真实性和实用性负责；各分管负责人应当按照职责分工落实应急预案规定的职责。预案由本单位主要负责人签署，向本单位从业人员公布，并及时发放到本单位有关部门、岗位和相关应急救援队伍，同时根据从属关系、管理流程等情况，上报管理单位、上级单位或属地政府以及应急管理部门审批和备案。

四、建筑机械修理

(一) 建筑机械故障及原因

建筑机械的使用环境较为恶劣，又由于材料、工艺、零件老化和人为因素等的影响，建筑机械在使用中不可避免地会出现各种各样的故障。而在施工过程中如果建筑机械发生故障，不但会影响正常的施工进度，造成不必要的经费损失，减少建筑机械的使用寿命，同时还会产生安全隐患，甚至发生人身伤亡及机械事故。正确地分析各种故障原因，采取有效的、针对性强的防范措施，可以有效预防建筑机械的故障及事故，尽量减慢机械零部件的损伤速度，防止故障连锁发生，延长建筑机械使用寿命，保证安全正常运转。

1. 建筑机械故障机理

建筑机械在工作过程中，因某种原因丧失规定功能或危害安全的现象称为故障。

建筑机械规定功能是指在设备的技术文件中明确规定的功能。

建筑机械在单位时间内发生故障的次数称为故障频率。以时间为横坐标，以故障率为纵坐标，将建筑机械整个使用期故障率随时间的变化情况描述出来便得到建筑机械的故障率曲线。图4-1表示为典型故障率曲线，由于其图形形状很像浴盆，所以又称为浴盆曲线。机械的故障率随时间的变化大致分为三个阶段：早期故障期、偶发故障期和损耗故障期。

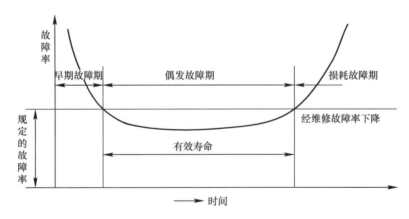

图 4-1 典型故障率曲线——浴盆曲线

（1）早期故障期

早期故障期出现在机械使用的早期，其特点是故障率较高，但故障率随时间的增加而迅速下降。它一般是由于设计、制造上的缺陷等原因引起的。建筑机械进行大修理或改造后再次使用时，也会出现这种情况。建筑机械使用初期经过运转磨合和调整，原有的缺陷逐步消除，运转趋于正常，从而故障逐渐减少。

（2）偶发故障期

偶发故障期是机械的有效寿命期，在这个阶段故障率低而稳定，近似为常数。偶发故障是由于使用不当、维护不良等偶然因素引起的，故障不能预测，也不能通过延长磨损期来消除。设计缺陷、零部件缺陷、操作维护不良都会造成偶发故障，可以通过提高设计质量，改进管理和加强维护保养使故障率降到最低。

（3）损耗故障期

损耗故障期是机械使用的后期，其特点是故障率随运转时间的增加而增高。它是由于机械零部件的磨损、疲劳、老化、腐蚀等造成的。这类故障是建筑机械部件接近寿命末期的预兆。如果事先进行预防性维修，可经济而有效地降低故障率。对建筑机械故障的规律和过程进行分析，可以探索出减少机械故障的相应措施。

由此可见，建筑机械在运行过程中，由于受到外部负荷和内部应力，自然磨损、腐蚀的影响，建筑机械的部分部件或整体，都会引起损伤，使之部分或全部丧失使用功能。为保持建筑机械的使用功能，减少非正常磨损，延缓电气元件的老化过程，减少故障的发生，就必须在建筑机械管理工作中贯彻预防为主的方针，按照建筑机械使用要求和维修保养说明书要求，做好日常维保和修理，保持建筑机械完好状态，延长建筑使用寿命。

2. 建筑机械常见故障

常见故障类型如下：

（1）损坏型故障：如断裂、开裂、点蚀、烧蚀、变形、拉伤、龟裂、压痕等。

（2）退化型故障：如老化、变质、剥落、异常磨损等。

（3）松脱型故障：如松动、脱落等。

（4）失调型故障：如压力过高或过低、行程失调、间隙过大或过小、干涉等。

（5）堵塞与渗漏型故障：如堵塞、漏水、漏气、渗油等。

（6）性能衰退或功能失效型故障：如功能失效、性能衰退、过热等。

3. 产生故障的原因及后果

1）从故障产生的原因分析看，主要包括：

① 产品原因，包括设计错误、原材料缺陷、加工制造缺陷等。

② 安装原因，包括安装错误、错装漏装、连接不牢固、未作调试或调试错误等。

③ 使用原因，包括违章操作、违章指挥、超负荷运转、不润滑、不维护或润滑、维护不当等。

④ 修理原因，包括故障判断错误、装配工艺错误、盲目拆解更换、配件质量差、不匹配、不修理等。

⑤ 其他原因，如自然灾害、不可抗力原因等。

2）从故障导致的不良后果分析看，主要包括：

① 会导致建筑机械无法正常运转，甚至因故障停机而不能使用，影响生产正常进行。

② 可能造成事故的发生，如果不及时修理，小故障会演变成大故障，故障就会演变成事故，造成人员伤亡和设备损坏。

③ 建筑机械长期带病运转，会使设备加快磨损，使零部件或整机损坏；增加使用成本，维修费用加大，设备寿命减少或提前报废。

（二）建筑机械修理类别与故障排除

修理方式的发展趋势是事后修理逐步走向定期的预防性修理，再从定期的预防性修理，逐步走向以可靠性为中心的修理，三种主要修理方式的特征见表 4-1。

三种主要修理方式的特征　　　　　表 4-1

序号	特征	事后修理	预防性修理	以可靠性为中心的修理
1	修理性质	非预防性	预防性	预防性
2	修理对象	一个或几个项目	一个项目	一个项目
3	修理判据	事后不断监控项目的状态变化，按结果采取相应措施	定期进行全面分解，检修或更换，可能对不该修理的也进行了修理	事先不断监控项目的状态，按状态进行更换或修理
4	基本条件	数据或经验	数据或经验	视情设计、资料、控制手段、检查参数、参数标准
5	检查方法	分解	分解	不分解
6	适用范围	对安全无直接危害的偶然故障，规律不清楚的故障，故障损失小于预防性修理费用的耗损故障	影响严重、对安全有危害且发展迅速、无条件视情的耗损故障	影响严重、对安全有危害且发展缓慢并有条件视情的耗损故障
7	修理费用	有充分准备的修理资源，需要一定费用	接近事后修理费用，备件量过多	需要高的投资和经常性费用

1. 事后修理

事后修理属于非计划性修理，它以建筑机械出现功能性故障为基础，有了故障才去修理，往往处于被动地位，准备工作不可能充分，难以取得完善的修理效果。

事后修理又称故障修理、损坏修理。它不控制修理时期，而是当建筑机械发生故障或损坏、造成停机之后才进行修理，以修复原来的功能为目的。它必须充分准备人力、工具、备件等修理资源，以便有效地对付故障。事后修理丧失了许多工作时间，生产计划也被打乱，修理内容、时间长短及安排等问题都带有很大的随机性。从各方面考虑，它都是一种落后的修理方式、最低要求的对策。若不能采用其他对策时，可把它当作最后的手段来使用。

事后修理一般适用于：

（1）机件发生故障，但不影响总成和系统的安全性；

（2）故障属于偶然性且规律不清楚，或虽属于耗损型故障，但用事后修理方式更为经济。图 4-2 是建筑机械事后修理的机械性能与时间的关系。

图 4-2 的曲线可以清楚地反映出事后修理带来的修理时间浪费。

2. 预防性修理

这是一种以定期全面检修为主的修理。它以机件的磨损规律为基础，以磨损曲线中的第三阶段起点作为修理的时间界限，其实质是根据量变到质变的发展规律，把故障消灭在萌芽状态，防患于未然。通过对故障的预防，把修理工作做在故障发生之前，使机械设备经常处于良好的技术状态。定期修理成为预防性修理的基本方式；拆卸分解成为预防性修理的主要方法。

几十年来，我国对建筑机械修理的各种技术规定和制度都是在这种修理方式指导下建立和发展起来的。虽然它起到过一定的积极作用，但是，多年来的实践证明这种修理方式有局限性。预防性修理方式对很多故障的认识无能为力，使修理工作存在着很大的盲目性，日益显得保守。随着科学技术的不断发展和深化，需要寻求更合理、更科学、更经济、更符合客观实际的新的修理方式。

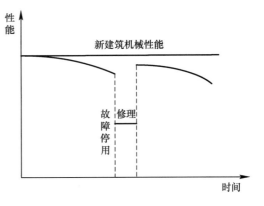

图 4-2 事后修理

为了防止建筑机械性能、精度劣化或为了降低故障率，按事先规定的修理计划和技术要求进行的修理活动，称为预防性修理。预防性修理主要有以下几种方式：

（1）计划预防性修理。它是根据建筑机械的磨损规律，按预定修理周期对设备进行维护、检查和修理，以保证建筑机械经常处于良好的技术状态的一种修理（图 4-3）。计划预防修理主要特征如下：

1）按规定要求，对设备进行日常清扫、检查、润滑、紧固和调整等，以延缓施工的磨损，保证设备正常运行。

2）按规定的日程表对建筑机械的运动状态、功能和磨损程度等进行定期检查和调整，以便及时消除设备隐患，掌握建筑

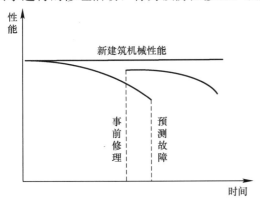

图 4-3 预防性修理

机械技术状态的变化情况，为定期修理做好物质准备。

3）有计划、有准备地对建筑机械进行预防性修理。

（2）保养修理

它是把维护保养和计划检修结合起来的一种修理。其主要特点是：

1）根据建筑机械的特点和状况，按照建筑机械运转小时（产量或里程）等规定不同的维修保养类别和间隔期。

2）在保养的基础上制定设备不同的修理类别和修理周期。

3）当建筑机械运转到规定时限时，不论其技术状态如何，也不考虑生产任务的轻重，都要严格地按要求进行检查、保养和计划修理。

3. 以可靠性为中心的修理

以可靠性为中心的修理，简称 RCM，是建立在"以预防为主"的实践基础上，但又

改变了传统的修理观念。以可靠性为中心的修理的形成是以视情维修方式的扩大使用、以逻辑分析决断方法的诞生为标志,以最低的费用实现机械设备固有可靠性水平。它不是根据故障特征而是由建筑机械在线监测和诊断装置预报的实际情况来确定维修时机和内容。在线监测包括状态检查、状态校核、趋向监测等项目。它们都是在线进行,并定期按计划实施,需要投资和经常性费用,是一种最有效的维修方式。

(1) 以可靠性为中心的修理产生原因

1) 很多故障不可能通过缩短修理周期或扩大修理范围解决。相反,会因频繁地拆装而出现更多的故障,增加修理工作量和费用。不合理的修理,甚至修理"一刀切",反而会使可靠性下降。并不是修理工作做得越多越好,而应尽最大努力削减维修工作总量,不做无效修理工作,最大限度地延长设备寿命。

2) 可靠性取决于两个因素:一是设计制造水平;二是使用修理水平以及工作环境。前者是内在的、固有的因素,起决定性的作用,称为固有可靠性;后者通过前一因素起作用,称为使用可靠性。有效地进行修理只能保持和恢复固有可靠性,而不可能通过修理把固有可靠性差的转变为好的。

3) 复杂的建筑机械只有少数机件有损耗故障期,一般机件只有早期故障期和偶然故障期。可靠性与时间无关。

4) 定期修理方式采取分解检查,它不能在建筑机械运行中鉴定其内部零件可靠性下降的程度,不能客观地确定何时会出现故障。

5) 复杂建筑机械的故障多数是随机性的,因而是不可避免的。预防性修理对随机故障是无效的,只对损耗故障才是有效的。

(2) 以可靠性为中心的修理适用情况

1) 属于损耗故障的机件,且有如磨损那样缓慢发展的特点,能估计出量变到质变的时间。

2) 难以依靠人的感官和经验去发现故障,又不允许对建筑机械进行任意解体检查。

3) 机件故障直接危及安全,且有极限参数可监测。

4) 除本身有测试装置外,必须有适当的监控或诊断手段,能评价机件的技术状态,指出是否正常,以便决定是否立刻维修。

(3) 以可靠性为中心的修理分析过程中的7个基本问题

1) 功能:在具体使用条件下,建筑机械的功能标准是什么?

2) 故障模式:什么情况下建筑机械无法实现其功能?

3) 故障原因:引起建筑机械各功能故障的原因是什么?

4) 故障影响:建筑机械各故障发生时,会出现什么情况?

5) 故障后果:建筑机械各故障在什么情况下至关重要?

6) 主动故障预防:做什么工作才能预防建筑机械各故障?

7) 非主动故障预防:找不到适当的主动故障预防措施应怎么办?

(4) 以可靠性为中心的修理的分析过程

通过上面提出的7个基本问题,其分析过程如下:

1) 以可靠性为中心的修理分析所需的信息

进行以可靠性为中心的修理分析,根据分析进程要求,应尽可能收集下述有关信息,以确保分析工作能顺利进行。

① 建筑机械概况。如建筑机械的构成、功能（包含隐蔽功能）和余度等。

② 建筑机械的故障信息。如建筑机械的故障模式、故障原因和影响、故障率、故障判据、潜在故障发展到功能故障的时间、功能故障和潜在故障的检测方法等。

③ 建筑机械的修理保障信息。如维修设备、工具、备件、人力等。

④ 费用信息。如预计的研制费用、修理费用等。

⑤ 相似建筑机械的上述信息。

2）以可靠性为中心的修理分析的一般步骤

① 确定重要功能产品。

② 进行故障模式影响分析。

③ 应用逻辑决断图选择预防性维修工作类型。

④ 系统综合，形成计划。

3）故障模式及影响分析

以可靠性为中心的修理分析的第二步就是对选定的重要功能产品进行故障模式及影响分析，明确产品的功能、故障模式、故障原因和故障影响，从而为基于故障原因的以可靠性为中心的修理决断分析提供基本信息。

4）以可靠性为中心的修理逻辑决断

各类预防性修理工作间隔期的确定可以参考以下数据与方法：

① 产品生产厂家提供的数据。

② 类似产品的相似数据。

③ 已有的现场故障统计数据。

④ 有经验的分析人员的主观判断。

⑤ 对重要、关键产品的修理工作间隔期的确定要有模型支持和定量分析。

5）系统综合，形成计划

单项工作的间隔期最优，并不能保证总体的工作效果最优。有时为了提高修理工作的效率，需要把维修时间间隔各不相同的修理工作组合在一起，这样也许会使某些工作的频率比其判断的结果要高一些，但是提高工作效率所节约的费用会超过所增加的费用。组合工作时应以预定的间隔期为基准，尽量采用预定的间隔期。确定预定的间隔期时应结合现有的修理制度，尽可能地与现有的修理制度一致。把各项预防性修理工作按间隔时间靠入相邻的预定间隔期，但对安全后果和任务后果的预防性修理工作靠入的预定间隔期，不应大于其分析得到的工作间隔期。

以可靠性为中心的修理思想的优点是可以充分发挥机件的潜力，提高机件预防性维修的有效性，减少维修工作量及人为差错。而缺点则是费用高，要求有一定的诊断条件，根据实际需要和可能来决定是否采用以可靠性为中心的修理。

4. 修理的主要类别

在修理过程中，按修理内容及范围的深度和广度，修理区分为大修、项修、小修、改造和计划外修理等几种不同层次或类别，由维修工作量大小和内容决定。

（1）大修

全面或基本恢复机械设备的功能，一般由专业修理人员或在修理中心进行。大修时，将对建筑机械进行全部或大部解体，重点修复基础件，更换和修理丧失或即将丧失功能的零部件，调整后的精度基本上达到原出厂水平，并对外观重新整修。

（2）项修

项修是一种介于大修和小修之间的层次，为平衡性修理。

（3）小修

小修以更换或修复在维修间隔期内磨损严重或即将失效的零部件为目的，不涉及对基础件的维修，是排除故障的修理。

大修、项修、小修这三种层次客观上反映了建筑机械磨损的时间进程，因而最适合以时间为基准的预防性修理，为大多数单位采用，但还需要其他修理层次作补充，才能解决预测不到的修理需要。建筑机械的大修、项修和小修工作内容比较见表 4-2。

建筑机械的大修、项修和小修工作内容比较　　　表 4-2

修理类别/标准要求	大修	项修	小修
拆卸分解程度	全部拆卸分解	针对检查部位部分拆卸分解	拆卸、检查部分磨损严重的机件和污秽部位
修复范围和程度	修理基准件，更换或修复主要件、大型件及所有不合格的零件	根据修理项目，对修理部位进行修复，更换不合用的零件	清除污秽积垢，调整零件间隙及相对位置，更换或修复不能使用的零件，修复达不到完好程度的部位
刮研程度	加工和刮研全部滑动接合面	根据修理项目决定修刮部位	必要时局部修刮、填补划痕
精度要求	按大修精度及通用技术标准检查验收	按规定要求验收	按设备完好标准要求验收
表面修饰要求	全部外表面打光、喷漆，手柄等零件重新电镀	补漆或不进行	不进行
工作量比较	100%	根据修理项目确定	约占大修工作量 30%

（4）改造

对落后建筑机械反复修理，而不进行必要的技术改造，不仅会导致修理费用增加，而且难于恢复原始性能和精度，更无法补偿相应产生的多种损失，这会阻碍技术进步，适应不了生产发展的需要。改造是用新技术、新材料、新结构和新工艺，在原建筑机械的基础上进行局部改造，以提高其功能、精度、生产率和可靠性。这种修理属于改善性，其工作量的大小取决于原建筑机械的结构对实行改造的适应程度，也决定于人们需要将原建筑机械的功能提高到什么水平。

5. 计划外修理

计划外修理是因突发性故障和事故而必须对建筑机械进行的一种修理层次。计划外修理的次数和工作量越少，表明管理水平越高。

（三）建筑机械修理方法

建筑机械发生故障是很难避免的，一旦发生故障就需要迅速排除，特别是建筑机械使用多在建筑施工现场，有的工地在荒郊野外，不可能运回修理。为在施工现场及时处理机械故障，保证设备快速恢复使用，以保证施工生产的连续进行，需要现场维修人员储存必要的备品备件，配备所需的维修设备、工具，组织人力物力开展维修作业。下面简单地介绍几种故障应急维修方法。

1. 建筑机械故障零件修理法

零件的修复在很大程度上是恢复零件原来的配合性质，有的修复工艺往往比新制零件更为复杂，因此只在经济上合算、技术可行时才进行修复。具体的修复工艺和修理方法比较多，可根据零件的结构特点、磨损程度、工作条件、材料性质等作出选择。一般来说，磨损可以用焊接、喷涂、电镀、机械加工、压力加工等修复；变形可用机械加工、压力加工等修复；断裂可用焊修、胶接、机械加工等修复；蚀损可用电镀、喷涂、机械加工等修复。下面对几种常见的零件修复方法进行简单介绍：

（1）一般机械加工

机械加工是零件修复过程中最主要和最基本的方法。由于机械加工修理零件与机械制造不同，它的加工对象是成品旧件，除工作表面磨损之外，往往有变形，原来的加工基准已经破坏，加工余量小。因此，用机械加工法修理零件必须考虑加工表面的形状精度要求，以及加工表面与其他不修理加工表面之间的相互位置精度要求。用机械加工法修理零件时，根据零件损坏部位和工作性质的不同，可采用不同的工艺方法。如：修理尺寸法、附加零件法、局部更换法、转向翻转法等。

（2）焊接

焊接技术用于修理工作称为焊修。尽管采用焊接技术可能产生局部变形、裂纹、气孔等严重缺点，但由于具有修理质量较高、成本低、操作容易、便于野外抢修等优点，焊接仍然是机械零件修理的主要方法。

（3）压力加工

利用压力加工修复零件，是指利用金属或合金钢的塑性变形性能，使零件在一定外力作用下改变其几何形状而不损坏本体的一种方法。如镦粗法、挤压法、扩张法。

（4）胶接

胶接就是通过胶粘剂将两个以上同质或不同质的物体连接在一起。胶接工艺比较简单，但在实施过程中却是相当重要的，胶接的工艺一般包括：表面处理→配胶→涂胶→晾置→合拢→固化→检查。

2. 建筑机械故障零件换件、替代修理法

（1）换件修理法

对于无法修复使用的零部件，应使用同型号或同类型的配件及时更换。用完好备用零部件更换已经损坏的零部件，此法不论平时大修还是现场快速修理均可采用。须注意的是，换件前，对总成部件的拆装工艺和配合要求必须清楚。拆卸轴承、齿轮、胶带轮和液压件等零件时，要用专用工具，不能用锤击，以免造成零件损坏。分解变矩器、变速器、发动机总成件时，须严格按照拆卸工艺要求办，避免轴颈划伤和精密偶件配合面损坏。替换结构部件后的新组合建筑机械应重新进行测试并将替换的部件清单详细记录。特殊部件

的替换应严格按照制造商使用说明书中的要求进行,如塔式起重机、施工升降机等特种设备。

(2) 替代修理法

替代修理法是充分利用身边材料替代已经损坏的零部件材料。原则是等强度代换或者用高强度材料代替低强度材料。如在起重机械上用高强度螺栓代替低强度螺栓。

3. 建筑机械故障零件弃置法

建筑机械故障零件弃置法是放弃已经产生故障的零部件,设法将管部或电路连接起来,快速恢复建筑机械设备生产作业的方法。

4. 现场故障排除法

当建筑机械设备出现故障时,应及时检查修理,问题严重的应立即停止作业,查明故障的部位,判断其产生原因,采取相应的措施,并及时进行修复。每种建筑机械均有自己的操作规程和维修使用方法,一般厂家产品说明书中都有常见故障和维修方法的具体说明,在此不一一列出,这里列出塔式起重机常见故障及排除方法,仅供参考(表4-3、表4-4)。

塔式起重机常见故障及其排除方法　　　　　　　　　表 4-3

部位	常见故障	形成原因	排除方法
钢丝绳	磨损过快	1. 滑轮不转动; 2. 绳槽与钢丝绳直径不匹配	1. 检修或更换滑轮; 2. 更换钢丝绳或滑轮
	经常脱槽	1. 滑轮偏斜或移位; 2. 防脱挡不起作用; 3. 钢丝绳型号不对	1. 调整滑轮安装位置; 2. 检修防脱挡罩,使之发挥作用; 3. 更换合格的钢丝绳
滑轮	滑轮不转 滑轮松动	1. 缺少润滑油; 2. 轴承安装过紧或偏斜	1. 添加润滑油; 2. 调整轴承安装位置
吊钩	疲劳裂纹	材质不均匀	更换吊钩
	严重磨损	超过使用期限,材质不好,经常超载	更换吊钩
卷筒	筒壁裂纹 筒壁磨损	1. 超过使用寿命; 2. 应力集中,材质有缺陷; 3. 冲击荷载过大	更换新卷筒
减速器	噪声	齿轮啮合不良	调整或更换齿轮、轴承等
	温升过高	1. 润滑油过少或过多; 2. 润滑油型号选用不当	调整润滑油型号或油量
	漏油,振动大	1. 油封失效; 2. 轴颈磨损; 3. 分箱面不平; 4. 安装质量差、地脚螺栓松动	1. 更换油封; 2. 修磨轴颈; 3. 研磨分箱面; 4. 重新安装调整同心度

续表

部 位	常见故障	形成原因	排除方法
制动器	重物下滑	1. 制动轮与制动瓦间隙过大或制动盘与摩擦片间隙过大； 2. 制动轮表面油污； 3. 弹簧压力不足或推杆行程不足	1. 调整间隙； 2. 清洗制动瓦； 3. 调整弹簧张力，调整推杆行程
制动器	发热冒烟	1. 制动轮与制动瓦没有完全脱开； 2. 制动盘与摩擦片（刹车片）没有脱开	调整间隙
回转支撑	噪声大	大齿圈与小齿轮啮合不良，转动困难	调整齿轮啮合
回转支撑	转动困难	滚道表面严重磨损滚动体不转	检查并修复滚道表面，更换滚动体隔离环
滚动轴承	温升高、噪声大	1. 润滑油过多； 2. 安装过紧； 3. 轴承损坏； 4. 内外圈配合与轴向间隙安装不合要求	1. 减少润滑油； 2. 调整松紧程度； 3. 换新轴承； 4. 重新装配务必符合规定要求
安全装置	安全装置不灵敏或失效	1. 零部件损坏； 2. 行程开关损坏； 3. 线路故障	1. 更换； 2. 更换行程开关； 3. 检修线路，使之恢复正常

塔式起重机常见电气故障及其排除方法　　　　　　表 4-4

故 障	原 因	排除方法
电动机不转	1. 熔丝烧断； 2. 过电流继电器动作； 3. 定子回路中断； 4. 电动机缺相运行	1. 制动轮与制动瓦没有完全脱开； 2. 调整过电流继电器整定值； 3. 检查定子回路； 4. 接好三相电源
电动机声音异常	1. 电动机缺相运行； 2. 定子绕组有故障； 3. 轴承缺油或磨损	1. 正确接线； 2. 检查定子绕组； 3. 加油或更换轴承
电动机温升过高	1. 电动机缺相运行； 2. 某相绕组与外壳短接； 3. 超负荷运行； 4. 电源电压过低； 5. 通风不良	1. 接好三相电源； 2. 用万能表检查并排除； 3. 禁止超载运行； 4. 停止工作； 5. 改造通风条件
电动机达不到全速	1. 转子绕组有断丝或焊接不良处； 2. 转子回路中有接触不良或断丝处	1. 检查绕组； 2. 检查导线，控制器及电阻器

续表

故　障	原　因	排除方法
不能带载启动	1. 线路电压过低； 2. 制动器没有完全松开； 3. 转子电阻没完全切除； 4. 转子或定子回路接触不良	1. 停止工作； 2. 调整制动器； 3. 检查各部接触情况； 4. 检查转子或定子回路
滑环产生电火花	1. 电动机超负荷运行； 2. 电刷弹簧压力不足； 3. 滑环偏斜； 4. 滑环及电刷有污垢	1. 停止超负荷运行； 2. 加大弹簧压力； 3. 校正滑环； 4. 清除脏物
滑环磨损过快	1. 弹簧压得过紧； 2. 滑环表面不光整	1. 放松弹簧； 2. 研磨滑环
控制手柄挡位不准	定位机构有缺陷	检修定位机构
接触器接通后电动机不转或方向不对	1. 触头没接通； 2. 触头接触不良； 3. 接线错误	1. 检修接触器； 2. 更换研磨触头； 3. 检修
接触器接通后，过电流继电器动作	1. 触头与外壳短接； 2. 导线绝缘不良	1. 检修接触器； 2. 清除脏物、检修； 3. 修复或更换导线
接触器有噪声	1. 衔铁表面过脏； 2. 短路环损坏； 3. 磁铁系统歪斜	1. 清除脏物； 2. 修复短路环； 3. 校正
接触器断电后分不开	1. 接触器不垂直； 2. 卡住	1. 垂直安装； 2. 检查接触器
接触器经常断电	1. 辅助触头压力不足； 2. 接触不良	1. 调整压力； 2. 修磨触头
涡流制动器低速挡的速度变快	1. 硅整流器击穿； 2. 接触器或主控制器触头损坏； 3. 涡流制动器线圈烧坏	1. 更换整流器； 2. 修复或更换触头； 3. 更换涡流制动器
涡流制动器速度过低	定转子间积尘太多或有铁屑	清除积尘
电磁铁过热或有噪声	1. 衔铁表面太脏； 2. 电磁铁缺相运行； 3. 衔铁间隙过大	1. 清扫积尘涂抹薄润滑油； 2. 接好三相电源； 3. 调整衔铁间隙
主接触器不吸合	1. 电压过低或无电压； 2. 控制电路熔丝烧断； 3. 安全开关没接通； 4. 过电流继电器动断触头断开； 5. 控制器手轮不在零位； 6. 接触器线圈烧破或断线	逐项检查加以解决

五、建筑机械成本核算

建筑机械成本核算是机械设备使用寿命期内全过程的经济活动，也是施工单位成本组成的重要内容之一，是管好设备、合理配置资源和合理使用设备资源的有效措施。加强成本核算和成本控制，强化建筑机械的管、用、养、修制度和规定的落实，对增强市场竞争能力，有着十分重要的作用。

（一）建筑机械成本核算类型

建筑机械成本核算，是企业建筑机械经营管理的重要内容，特别是机械租赁单位的经营管理，需要对自有设备进行收益分析。目前包括单机核算、班组核算、维修核算等，其中单机核算为最常用的核算方式，将另行重点介绍。

1. 班组核算

中小型机械的使用，一般适合于班组核算。班组核算与单机核算在项目核算中互为补充，常结合起来运用，班组核算的内容主要有以下3个方面：

（1）完成任务和收入：完成任务可按产量、台班定额考核；收入可按产量，也可按使用费计算，或按使用台班数折合台班费计算。

（2）消耗支出：包括机械台班费组成的各项费用支出，按定额考核。

（3）采取改进措施：根据考核期中的分项收入、支出费用核算其盈亏数，通过分析，找出薄弱环节，采取改进措施。

2. 维修核算

（1）大修成本核算

大修成本核算是由修理单位对大修合格的建筑机械按照修理定额中划分的项目，分项计算其实际成本。其中主要项目有：

1）工时费：按实际消耗工时乘以工时单价，即为工时费。工时单价包括人工费、动力燃料费、工具使用费、固定资产使用费、劳动保护费、车间经费、企业管理费等项的费用分摊，由修理单位参照修理技术经济定额制定。

2）配件材料费：如采取按实报销，则应收支平衡；如采取配件材料费用包干，则以实际发生的配件材料费与包干费相比，即可计算其盈亏数。

3）油燃料及辅料：包括修理中加注和消耗的油燃料、辅助材料、替换设备等一般按定额结算，根据定额费用和实际费用相比，计算其盈亏数。

上述各项构成建筑机械大修实际成本，与计划成本（修理技术经济定额）对比，可以考核定额执行情况和大修建筑机械成本的盈亏情况。

（2）维护保养成本核算

各等级维护保养是在加强单机考核的基础上,把单台建筑机械一定时间内消耗的维修费用累计,找出维护保养费消耗最多的点,以便有计划、有针对性地制定措施,降低维修费用。建筑机械保养项目有定额的,可将计算实际发生的费用与定额相比,了解定额执行情况和维护保养费用盈亏。没有定额的保养、检修项目,应包括在单机核算和班组核算中,采用承包方式,以促进维修工与操作工密切配合,共同为降低或减少维修费用而努力。

(二)建筑机械的单机核算

单机核算就是对单台建筑机械进行经营核算,其核心内容就是收入、支出和盈亏三大部分。

1. 收入统计分析

建筑机械当月收入是指该设备当月实际完成的工作量或创造的施工经营产值应当依据不同核算目标和该设备自身特点分为不同的核算方法,建筑机械收入在公司核算的层面应该是建筑机械合理的折旧回收,以及该机械购置时所投入的资金用于其他社会投资所得的回报(一般不低于该笔资金银行同期利息);项目核算层面应以当月实际完成工作量乘以市场单价。

以实际工作台班计算时,首先应统计当月实际的工作台班,统计依据为《建筑机械运转记录》中的运转台时数。

以实际完成工程量计算时,应逐项做好每班实际完成工作量的统计工作。统计数据要客观、全面、准确,尤其要注意辅助工程,不能遗漏。工程单价应当依照投标单价或承包单价,如从事的辅助工程无计量单价,则按建筑机械台班定额进行折算。

做好收入统计分析工作应注意以下几点:

(1)项目部须建立相对独立的建筑机械工作量或工作台时统计制度。特别是在土石方工程(或其他某项专项工程)较多的项目,应安排专人建立统计台账并负责现场统计工作,及时汇总每班次每台设备完成的工程量,统计工作要保持连续性,形成完备的第一手资料。

(2)建筑机械实际完成工作量统计应与机械操作工劳务承包工资挂钩,使机械操作工成为自然的统计数据校核者,保证数据准确性和有效性。在实行单机核算过程中要形成与之配套的计件工资制度。

2. 支出统计分析

建筑机械成本支出分为固定支出和变动支出两部分。

其中固定支出费用包括:计提折旧费(使用费)、场地费、保险费、运管费、车船使用税、车辆年审等费用等,这些费用可参照公司《机械设备使用费收取表》、收费结算凭证,每月汇总分机计入。

变动支出费用包括:操作及修理人员工资及附加费、燃料及动力费、配件费、其他直接费、管理费用等。燃料及动力是管理重点,针对油动机械设备应随车建立《机械加油手册》，加油记录由管理部门据实登录，同时由操作工签字确认，月终与台账进行核对；针对电动设备应设专用电表进行电力计量。工具配件及辅料由管理部门配合机械管理人员从物资台账中筛选得出，并编制各设备材料消耗明细表；维修用工时费用可从修理人员工资中进行摊销；操作人员工资按照市场价格计提。最终汇总设备成本支出总额，并形成单位成本预控和盈亏分析报告。

单机核算数据的收集，应该注意以下几个问题：

（1）严格配件工具及辅料领用程序。编制好配件目录，做到配件验收入库、登记上账，发料领用名称型号正确无误。配件工具及辅料应严格按照限额领料操作程序执行，以设备管理人员为第一责任人，任何配件工具及辅料领用必须由机械管理员签认的《配件领用审批单》方可发料。超过一定金额的配件必须实行"交旧领新"，做好事中控制。

（2）严格维修保养程序。建筑机械若需维修保养，机械管理人员应首先填写《建筑机械维修保养单》，注明建筑机械报修内容，修理人员维修保养完成后，由操作人员进行签认。委托外部单位维修应另行审批。如因人为因素（如缺水、缺机油）造成建筑机械损坏，发生的维修费应由操作人员承担。

（3）严格数据统计。数据统计包括运行公里数、运转时长、台班数、更换配件、维修保养次数等。统计专业人员需进行培训，确保数据的科学性、准确性。

3. 盈亏核算分析

$$收入-实际支出=+（盈）或-（亏） \quad (A)$$
$$实际支出/完成工作量=元/单位产量 \quad (B)$$

根据建筑机械自身特点，应建立起与之相配套的两种考核目标，可称为总费用法和单价指标法。总费用法即如上式（A），以当月建筑机械总收入减去总支出得出盈亏结果，直接进行核算；单价指标法是指采用建筑机械实际总费用除以建筑机械实际完成工作量，计算出单位工作量的机械成本，如上式（B），如混凝土拌合楼的单方拌合成本、土石方挖装的单方成本等。

建筑机械盈亏分析应注意以下两点：

（1）灵活运用分析指标，有针对性地解决实际问题：建筑机械收入支出统计以后，应以不同的核算指标对数据进行有针对性地分析，查找盈亏和单方成本升降的具体原因。

例如究竟是因为工作不饱满、操作工责任心不强，还是建筑机械自身故障隐患较多，应找出具体的原因，分析内容应和单机核算台账一起上报。

（2）落实计件工资或效益工资发放。作为计件工资的补充，增加效益工资项目。效益工资由单位核算盈亏指标和油耗考核奖罚金额组成，对各类建筑机械应加以区别。

4. 寿命周期费用核算

对单台建筑机械从购入到报废整个寿命期中的经济成果核算称为寿命周期费用核算。此种核算方式反映整个寿命周期的全部投入、支出和经济效益，从中得出寿命周期费用构成的比例和变化的分析资料，作为改进、更新设备管理的依据。寿命周期费用核算是建筑机械核算中最全面最准确的核算方式。但大型建筑机械的寿命周期一般约为10年，必须具备完善的机械管理基础工作，能积累机械整个寿命期的全面资料，才能进行这种核算，有一定难度。但该种核算能全面地反映设备的使用情况、管理情况和经济效益情况，对建筑机械的科学管理有很强的指导性。

（三）建筑机械成本核算的条件、作用及原则

成本核算是经营管理工作的重要组成部分，它是将企业在生产经营过程中发生的各种耗费按照一定的对象进行分配和归集，以计算总成本和单位成本。成本核算的准确与否，直接影响企业的成本预测、计划、分析、考核和改进等控制工作，同时也对企业的成本决策和经营决策的正确与否产生重大影响。成本核算过程，是对企业生产经营过程中各种耗费如实反映的过程，也是为更好地实施成本管理进行经营信息反馈的过程。因此，成本核算对企业成本计划的实施、成本水平的控制和成本目标的实现起着至关重要的作用。

1. 成本核算应具备的条件

（1）要有一套完整而先进的技术经济定额作为核算依据，包括原材料、燃料、动力、工时等消耗定额；

（2）要有健全的原始记录，要求准确、齐全、及时，同时要统一格式、内容及传递方式等；

（3）要有严格的物资领用制度，材料、油料发放时，要做到计量准确、供应及时、记录齐全；

（4）要有明确的单机原始资料。

通过成本核算，可以检查、监督、考核预算和成本计划的执行情况，反映成本水平，对成本控制的绩效以及成本管理水平进行检查和测量，评价成本管理体系的有效性，研究可以降低成本的环节，进行持续改进。

2. 成本核算的作用

（1）完整地归集与核算成本计算对象所发生的各种耗费；

（2）正确计算生产资料转移价值和应计入本期成本的费用；

（3）科学地确定成本计算的对象、项目、期间以及成本计算方法和费用分配方法，保证各项施工成本的准确、及时。

（4）对于企业开展增产节约和实现高产、优质、低消耗、多积累具有重要意义。

3. 成本核算应遵循的原则

为了发挥施工项目成本管理职能，提高施工项目管理水平，施工项目成本核算必须讲质量，才能提供对决策有用的成本信息。要提高成本核算质量，除了建立合理、可行的施工项目成本管理系统外，很重要的一条就是遵循成本核算的原则。

（1）确认原则，是指对各项经济业务中发生的成本，都必须按一定的标准和范围加以认定和记录。

（2）分期核算原则，施工生产是川流不息的，企业（项目）为了取得一定时期的施工项目成本，必须将施工生产活动划分若干时期，并分期计算各期项目成本。成本核算的分

期应与会计核算的分期相一致，便于财务成果的确立。

（3）相关性原则，也称"决策有用原则"。成本核算要为企业（项目）成本管理目的服务，成本核算不只是简单的计算问题，要与管理融于一体，核算为管理服务。所以，在具体成本核算方法、程序和标准的选择上，在成本核算对象和范围的确定上，应与施工生产经营特点和成本管理特性相结合，并与企业（项目）一定时期的成本管理水平相适应。

（4）一贯性原则，是指企业（项目）成本核算所采用的方法应前后一致。成本核算办法的一贯性原则体现在各个方面，如耗用材料的计价方法、折旧的计提方法、施工间接费的分配方法、未完施工的计价方法等。

（5）实际成本核算原则，是指企业（项目）核算要采用实际成本计价。必须根据计算期内实际产量（已完工程量）以及实际消耗和实际价格计算实际成本。

（6）及时性原则，指企业（项目）成本的核算、结转和成本信息的提供应当在要求时期内完成。

（7）配比原则，是指营业收入与其相对应的成本、费用应当相互匹配。为取得本期收入而发生的成本和费用，应与本期实现的收入在同一时期内确认入账，不得脱节，也不得提前或延后，以便正确计算和考核项目经营成果。

（8）权责发生制原则，是指凡是当期已经实现的收入和已经发生或应当负担的费用，不论款项是否收付，都应作为当期收入或费用处理；凡是不属于当期的收入和费用，即使款项已经在当期收付，都不应作为当前的收入和费用。

（9）谨慎原则，是指在市场经济条件下，在成本、会计核算中应当对企业（项目）可能发生的损失和费用，做出合理预计，以增强抵御风险的能力。

（10）重要性原则，是指对于成本有重大影响的业务内容，应作为核算的重点，力求精确，而对于那些不太重要的琐碎的经济业务内容，可以相对从简处理，不要事无巨细，均作详细核算。

（11）明晰性原则，是指项目成本记录必须直观、清晰、简明可控，便于理解和利用，使项目经理和项目管理人员了解成本信息的内涵，弄懂成本信息的内容，便于信息利用，有效地控制本项目的成本费用。

施工项目成本核算在施工项目管理中的重要性主要体现在两个方面：一方面，它是施工项目进行成本预测，制定成本计划和实行成本控制所需信息的重要来源；另一方面，它又是施工项目进行成本分析和成本考核的基本依据。

（四）建筑机械使用费核算

建筑施工市场竞争日趋激烈，成本核算和控制也成为各施工企业关注的焦点，其中建筑机械使用费是核算重点之一，施工项目应开展项目建筑机械费核算，建立建筑机械经济核算考核管理方法，降低建筑机械使用成本。

建筑机械使用费又称机械费，是指在施工过程中使用的建筑机械所发生的台班费和建筑机械的租赁费以及建筑机械的安装、拆卸和进出场费等。机械费核算就是将实际发生的自有建筑机械费用和建筑机械租赁费用汇总，与工程预算中机械费预算相比较，确定盈余还是亏损,是否在成本计划和成本控制之内。

1. 自有建筑机械费用

随着施工项目经济核算管理的逐步加强,施工项目自有建筑机械费用也应进行核算。施工项目自有建筑机械多为小型设备,如钢筋加工机械、木工机械等,如果是项目购买的小型机具,可以直接计入项目成本,列入建筑机械费用;如果是作为固定资产使用的,按实际发生计算机械台班费。

2. 建筑机械租赁费用

随着建筑机械租赁市场的不断完善,施工项目很多大型建筑机械都采取租赁制,从租赁来源看,主要有企业内部租赁和企业外部租赁。

企业内部租赁,是企业组建的内部租赁站或机械租赁分公司,对企业内部施工项目使用的建筑机械实行租赁,根据企业内部租赁的管理规定,一般内部租赁的,价格优惠,减免一些项目费用,租赁价格低于市场,但租赁费列入项目机械费。

企业外部租赁是从外部租赁公司租用建筑机械,外部租赁价格实行市场定价,除租赁费外,大型建筑机械还要发生进出场费和安装拆卸费,这些费用均应列入项目建筑机械使用费支出。施工项目应按照当月发生租赁费,编制建筑机械租赁费结算表,计入当月工程实际成本。

建筑机械租赁计价方式通常有如下三种:

月计租:这里主要是指按月租赁的大型建筑机械的租金结算,每月由专人对外租的所有建筑机械逐台进行签证,统计汇总。

台班计租:这里主要是指按台班租赁的建筑机械的租金结算,每台建筑机械的月租金=台班单价×台班数。

台时计租:这里主要是指按台时租赁的建筑机械的租金结算,每台建筑机械的台时租金=台时单价×台时数。

施工项目有多台建筑机械,不同建筑机械也有不同的计租方法,由双方签订的租赁合同来确定。

月租赁费合计为:

项目建筑机械月租赁费=$\sum$(某种建筑机械的月租赁费)+$\sum$(某种建筑机械的工作台班单价×机械台班数)+$\sum$(某种建筑机械工作台时租赁单价×该机械台时数)

每台租赁建筑机械还要发生安装拆卸和进出场费等,一般在租赁合同期内发生,核算时可以把安装拆卸和进出场费分摊到租赁期间的各月份中;也可以当期发生,计入当期费用中。

项目发生的租赁建筑机械使用费总计=租赁费合计+安装拆卸和进出场费合计

六、建筑机械临时用电

（一）临时用电知识

1. 临时用电施工组织设计

施工现场临时用电施工组织设计是整个工程的施工组织设计中的不可缺少的一部分。按照《施工现场临时用电安全技术规范》JGJ 46—2005 的规定："临时用电设备在 5 台及 5 台以上或设备总容量在 50kW 及 50kW 以上者，应编制临时用电施工组织设计。"

编制临时用电施工组织设计的目的在于使临时用电工程的设置有一个科学的程序，从而保障其运行的安全、可靠性；另外，临时用电施工组织设计作为临时用电工程的主要技术资料，它将有助于加强临时用电工程的技术管理，从而保障临时用电的科学与合理性。

编定临时用电施工组织设计必须考虑到的是：施工现场的大小；参照"工程项目施工组织总体设计"了解工程对各类用电机械的总体需求量；用电机械设备在各个施工阶段的用电性质及用电需求量；用电设备在现场的分布及其与电源的远近情况；供电电源及其容量情况等。在综合上述情况的基础上，制定一套安全用电技术措施和电气防火措施，使得设计的临时用电工程，既能满足现场施工用电的需要，又能保障现场安全用电的要求，同时还要兼顾用电方便和经济。

编制临时用电施工组织设计，其内容和步骤应包括：现场勘测；确定电源进线、变电所或配电室、配电装置、用电设备位置及线路走向；进行负荷计算；选择变压器；设计配电系统（包括设计配电线路，选择导线或电缆；设计配电装置，选择电器；设计接地装置；绘制临时用电工程图纸，主要包括用电工程总平面图、配电装置布置图、配电系统接线图、接地装置设计图）；设计防雷装置；确定防护措施；制定安全用电措施和电气防火措施。临时用电工程图应单独绘制，临时用电施工组织设计应由电气工程技术人员组织编制，经相关部门审核及具有法人资格企业的技术负责人批准后实施，临时用电工程应按图施工。

（1）现场勘测

现场勘测工作包括：调查测绘现场地形、地貌，正式工程的位置，下水等地上、地下管线和沟道的位置，建筑材料、器具堆放位置，生产、生活暂设建筑物位置，用电设备装置安装位置以及现场周围环境等。

临时用电施工组织设计的现场勘测可与施工组织设计的现场勘测工作同时进行，或直接借用其勘测资料。

（2）负荷计算

负荷计算主要根据是：在施工组织设计的土建分部中，确定了单元工程的施工方案，选择了所需要的机械用电设备和施工进度。根据现场用电情况计算施工用电电力负荷即负荷计算。计算负荷被作为选择供电变压器和发电机容量、导线截面、配电装置和电器的主要依据。

负荷计算要和变电所以及整个配电系统（配电室、配电箱、开关箱以及配电线路）的设计结合进行。

（3）确定电源进线、配电间、配电柜及主要用电设备位置及线路走向

依据现场勘测资料进行综合确定，配电所即为施工现场一级配电站，其位置应靠近户外变压器。进、出户电源线，要在平面位置图上定出，同时要定出内部接线方式，以及接地、接零方式等。拟定配电柜的设置数目，由此决定变、配电间的大小。在图中还要确定主要用电设备的位置，由此定出二级配电箱的位置，以及它们的配电线路走线路径。

配电线路设计除了选择和确定线路走向外，还要确定配线方式（架空线或埋地电缆）、敷设要求、导线排列、选择和确定配电线型号、规格，选择和确定其周围的防护设施等。

（4）施工现场配电安全保护系统

配电线路设计不仅要与变电所设计相衔接，还要与配电箱设计相衔接，尤其要与施工现场配电系统的基本保护方式相结合。

目前电气基本安全保护措施分为五大保护系统：TN 系统、TT 系统、IT 系统、中性点有效接地系统和中性点非有效接地系统。其中，TN 系统根据中性导线和保护导线的布置分有三种：TN-S 系统、TN-C-S 系统和 TN-C 系统。这三种系统形式是各自分开而不共融，只有后两种系统有 PEN 线的概念，而在 TN-S 系统中，PE 线与 N 线是完全分开的。

针对我国建筑施工现场临时用电安全的要求《施工现场临时用电安全技术规范》JGJ 46—2005 明确规定必须采用 TN-S 接零保护系统。所以，在临时用电施工组织设计中这一系统（TN-S 接零保护系统）是唯一的选择。在采用该系统时还必须采用三级配电的原则。所以，施工现场的配电装置的设计及所选择的电气以及地线等均应严格执行并贯彻该标准。对于这一要求，应在临时用电施工组织设计的前言中加以表述。

（5）配电箱与开关箱设计

配电箱与开关箱设计是指为施工现场所用的非标准配电箱与开关箱的设计。这一设计要与配电系统的基本保护方式相适应，并满足用电设备的配电和控制要求，尤其是要满足防漏电、防触电的要求。

（6）防雷设计

施工现场的防雷，主要是防直击雷。防雷装置由接闪器、引下线和接地装置组成。在高层建筑施工中，防雷主要考虑高耸的井字架、门式架、施工电梯、塔式起重机等垂直机械。由于这些机械均属于钢铁连接件，不需要另外使用接闪器与引下线，但必须有可靠的连接入地，一般要求与入地体有可靠的焊接长度，其入地电阻应符合《施工现场临时用电安全技术规范》JGJ 46—2005 中的要求。防雷设计，其保护范围能可靠覆盖整个施工现场，并能对雷电的危害起到有效防护作用。

(7) 编制安全用电技术措施和电气防火措施

编制安全用电技术措施和电气防火措施要和现场的实际情况相适应，其要点是：电气设备的接地，包括重复接地，接零（TN-S 系统）保护问题，装置漏电保护问题，一机一闸问题，外防护问题，开关电器的装设、维护、检修、更换问题，以及对水源、火源、腐蚀介质、易燃易爆物的妥善处置等问题。

编制安全用电技术措施和电气防火措施还要兼顾现场的整个配电系统，包括从变、配电所到用电设备的整个临时用电工程，在环境条件、技术条件、设备状况和人员素质方面，制定的措施要有针对性、通用性、选用性和可操作性。

(8) 确定防护措施

施工现场的电气领域的防护主要是指对外高压输电线路、高压配电装置及易燃易爆物、腐蚀介质、机械损伤、电磁感应、静电等危险环境因素的防护。一般采用隔离，架设一定范围的围栏及警示标志等方法。对于两台塔式起重机作业面交叉的特殊工况，要制定防撞的专项措施，并形成制度，重点防范。

(9) 制定应急用电预案

1) 触电应急预案

触电应急预案应根据现场用电设施的布置情况，制定相应的防止触电的基本措施，要包含对经常带电设备与偶然带电设备的防护。根据电气设备的性质、运行条件及周围环境，保证能防止意外接触、意外接近或保证不可能接触，并制定检查、修理作业时的防护措施与办法。还要制定一旦有人遭受电击后，能够对其施行正确的紧急救护的正确方法与措施，平常要有针对性地进行演练。

2) 用电紧急预案

用电紧急预案应考虑到市网供电偶有断电情况发生，有重要施工需求（如连续的大面积混凝土浇筑、地下排水等）不能停顿的，要有针对性地准备另一套供电电源或自备一套发电机组，供主要关键设备临时急用。

(10) 电气设计施工图

由于施工现场临时用电工程只具有暂设的意义，所以可综合给出体现设计要求的电气设计施工图。其中包括：供电总平面图，变、配电所（总配电箱）布置图，变、配电系统图，接地装置布置图等主要图样。

2. 设备负荷计算

施工用电设备负荷计算是临时用电施工组织设计的支持性文件，是大型建筑工地施工组织供电设计，中小型建筑工地施工规划编制施工供电计划的依据。建筑施工现场中有诸多用电设备、起重机械：有塔式起重机、施工升降机和其他卷扬起升机械；基础施工桩工机械：入岩旋挖钻机、电动打夯机等；混凝土机械：混凝土输送电动泵车和其他拌合机、砂浆机和振捣机械；钢筋加工机械、木作加工机械以及水泵、电焊机、照明器等。这些用电设备使用性质不一样，用电时段有差别。为了实现供电可靠，用电经济合理，确保人身安全和设备的正常运行，应对上述用电设备进行负荷计算，以此对供配电系统的导线、电器、变压器、发电机等进行科学合理的选择。这些就是负荷计算方面的内容。施工现场的负荷计算一般采用需要系数法进行。

（1）设备功率的确定

进行负荷计算时，需要将用电设备按其使用性质分为不同的用电设备组，然后确定设备功率。

用电设备的额定功率 P_e 或额定容量 S_e 是指设备铭牌上的数据。对于不同负载持续率下的额定功率或额定容量，应换算为统一负载持续率下的有功功率，即设备功率 P_s。

1）连续工作制电动机，如砂浆拌合机、金属冷加工机床等电动机，其设备功率 P_s 等于其铭牌上的额定功率 P_e。

2）断续或短时工作电动机，如塔式起重机、电焊机、起重提升用的卷扬机等电动机，其设备功率需要将额定功率换算为统一负载持续率下的设备有功功率。

因为施工现场用电设备的负荷计算均采用需要系数法，所以对断续、短时工作的电动机应统一换算到负载持续率为 $JC=25\%$ 下的有功功率；而电焊机的设备功率则将其额定容量换算到负载持续率为 $JC=100\%$ 时的有功功率。其换算关系如下：

断续工作的电动机：$P_s = P_e \sqrt{\dfrac{JC_e}{0.25}} = 2P_e \sqrt{JC_e}$（kW）

式中 P_e——电动机额定功率（kW）；

JC_e——电动机额定负载持续率（暂载率）。

电焊机：$P_s = S_e \sqrt{JC_e} \cos\phi_e$

式中 S_e——电焊机的额定容量（kV·A）；

JC_e——电焊机的额定负载持续率（暂载率）；

$\cos\phi_e$——电焊机的额定功率因数。

（2）用需要系数法确定计算负荷

1）用电设备组的计算负荷

有功功率：$P_{js} = K_x P_s$（kW）

无功功率：$Q_{js} = P_{js} \tan\phi$（kW）

视在功率：$S_{js} = \sqrt{P_{js}^2 + Q_{js}^2}$（kV·A）

2）选择导线截面面积

为了实现安全、经济供电，保证供电的电压质量，配电导线的选择是一项极为重要的工作。选择配电导线，就是选择导线的型号和截面面积。而导线截面面积的选择，主要从导线的机械强度、电流密度和电压降来考虑。结合施工现场配电的情况，变压器供电半径通常为 400～500m，一级配电箱到二级配电箱通常在 100m 左右，二级配电箱到开关箱通常在 30m 之内。一般在选择导线截面面积时，通常以长时间通电允许的电流密度来选择导线的截面面积。但在有些具体情况条件下，大跨距、远距离、外加压力等输电时，需要从导线的机械强度或允许电压降方面进行考虑选择。

施工现场绝缘导线载流量大多采用电流密度来估算。绝缘导线载流量估算，铝芯绝缘导线载流量与截面面积的倍数关系，见表 6-1。

铝芯绝缘导线载流量与截面面积的倍数关系表　　　　表 6-1

导线截面面积（mm²）	1	1.5	2.5	4	6	10	16	25	35	50	70	95	120
载流是截面的倍数	9	9	9	8	7	6	5	4	3.5	3	3	2.5	2.5
导线载流量（A）	9	14	23	32	42	60	90	100	123	150	210	238	300

当选择导线截面面积时，需要考虑电压降、机械强度等因素和条件，以下几点提出来仅供参考：

① 导线中的计算负荷电流不大于其长期连续负荷允许载流量。

② 线路末端电压偏移不大于其额定电压的 5%。

③ 三相四线制线路的 N 线和 PE 线截面面积不小于相线截面面积的 50%，单相线路的零线截面面积与相线截面面积相同。

④ 按机械强度要求，绝缘铜线截面面积不小于 10mm²，绝缘铝线截面面积不小于 16mm²。

⑤ 在跨越铁路、公路、河流、电力线路挡距内，绝缘铜线截面面积不小于 16mm²，绝缘铝线截面面积不小于 25mm²。

有时在施工现场发生单独超远距离供电给用电设备，为保证供电质量（电压降≤5%），在导线截面面积的估算感到不方便时，可参考下式直接进行估算：

$$S = 6\Sigma P_e \times L \text{（适用于 380V 铝导线供电）或}$$

$$S = 3.6\Sigma P_e \times L \text{（适用于 380V 铜导线供电）}$$

式中　S——估算的导线截面面积（mm²）；

　　　ΣP_e——线路所供电的电动机瓦数（kW）；

　　　L——供电距离（km）。

如用 BLX 铝芯导线供电 2.5km 外一台 5kW 抽水电动机，电动机额定电压 380V，允许相对电压降≤5%，应选多大截面面积才够？

按上式估算导线截面面积：

铝芯线：$S = 6\Sigma P_e \times L = 6 \times 5 \times 2.5 = 75$mm²（采用 75mm² BLX 铝芯线）

铜芯线：$S = 3.6\Sigma P_e \times L = 3.6 \times 5 \times 2.5 = 45$mm²（或采用 50mm² BVR 铜芯电缆线）

上述导线截面面积可满足电动机正常工作。

3）需要系数 K_x 的采用

需要系数 K_x 值和最大负荷时功率因数（$\cos\phi$）迄今为止尚未系统测定。另外，在施工现场，由于施工规模和机械化施工水平不同，特别是工程结构形式和施工工艺的不同，设备或设备组的运行情况会有较大差异，因而相应的 K_x 值会有较大的范围，给临时用电负荷计算带来困难和一定的误差。因此，在取值 K_x 时，除了参考表 6-2、表 6-3 外，还需通过施工现场多年工作经验作适当的修正。这样，计算出来的负荷值才会接近实际用电情况。

用电设备组的 K_x、$\cos\phi$ 及 $\tan\phi$　　　　表 6-2

用电设备组名称		K_x	$\cos\phi$	$\tan\phi$
混凝土搅拌机械、砂浆搅拌机等混凝土机械	10 台以下	0.7	0.68	1.08
	10 台以上	0.6	0.65	1.17
破碎机、筛洗机、泥浆机、空气压缩机、通风机、输送机	10 台以下	0.7	0.7	1.02
	10 台以上	0.65	0.65	1.17
提升机、掘土机，其他起重机械	10 台以下	0.3	0.7	1.02
	10 台以上	0.2	0.65	1.17
电焊机等焊接机械	10 台以下	0.45	0.6	1.33
	10 台以上	0.35	0.4	2.29

同类用电设备组的 K_x、$\cos\phi$ 及 $\tan\phi$　　　　表 6-3

用电设备组名称		K_x	$\cos\phi$	$\tan\phi$
卷扬机	5～9 台	0.3	0.45	1.98
拌合机	1～2 台	0.6	0.4	2.29
砂浆机	3～5 台	0.7	0.65	1.17
喷浆机	1～2 台	0.8	0.8	0.75
塔式起重机或施工升降机	2～5 台	0.3	0.7	1.02
排水泵	3～4 台	0.8	0.8	0.75
木工机械	2～3 台	0.7	0.75	0.88
电焊机	1～3 台	0.45	0.6	1.33
钢筋机械	3～5 台	0.7	0.7	1.02
电钻	1～2 台	0.7	0.75	0.88
电气照明	生产、生活、行政区	0.8～0.9	1.0	0.0

3. 安全用电基本知识

安全用电基本知识可包括：安全用电技术措施、安全用电组织措施和防止触电措施。

（1）安全用电技术措施

按照《施工现场临时用电安全技术规范》JGJ 46—2005 规定，施工现场在电源中性点直接接地的低压电力线路中，必须采用 TN-S 接零保护系统，并需要制定、实施如下用电技术措施：

1）保证正确可靠的接地与接零。所有接地、接零处必须保证可靠的电气连接。保护零线 PE 必须采用绿/黄双色线，严格与相线、工作零线相区别，杜绝混用。保护零线应单独敷设不做他用。保护零线在总配电箱、配电线路中间和末端至少三处做重复接地，接地电阻值不应大于 10Ω。严禁一部分设备做保护接零，另一部分设备做保护接地。

2) 施工现场的配电箱和开关箱至少配置二级漏电保护器。即必须按"三级配电二级保护"设置。在任何情况下，漏电保护器只能通过工作接零线，而不能通过保护接零线。施工现场的用电设备必须实行"一机、一闸、一漏、一箱"制，即每台用电设备必须有自己专用的开关箱，专用开关箱必须设置独立的隔离开关和漏电保护器。

3) 电气线路的安全技术措施

① 施工现场电气线路全部采用"三相五线制"（TN-S 系统）专用保护接零（PE 线）系统供电。

② 施工现场架空线采用绝缘铜芯线。

③ 架空线设在专用电杆上，严禁架设在树木、脚手架上。

④ 导线与地面保持足够的安全距离。导线与地面最小垂直距离不小于 4m；机动车道不应小于 6m；铁路轨道应不小于 7.5m。

⑤ 因各种原因无法保证规定的电气安全距离，必须采取防护性遮拦、栅栏、悬挂警告标志牌等防护措施。

⑥ 为了防止设备外壳带电发生触电事故，设备应采用保护接零，并安装漏电保护器等措施。作业人员要经常检查保护零线连接是否牢固可靠，漏电保护器是否有效。

⑦ 在配电箱等用电危险处，挂设安全警示牌。如"有电危险""严禁合闸，有人工作"等。

4) 在建工程不得在高、低压线路下施工，高压线路下方不得搭设作业棚或堆放其他架具杂物等。施工时各种架具的外侧边缘与外电架空高压线路必须保持安全操作距离，见表 6-4～表 6-6。

在建工程周边与架空线路边线之间的最小安全操作距离 表 6-4

外电线路电压等级（kV）	<1	1～10	35～110	220	330～500
最小安全操作距离（m）	4.0	6.0	8.0	10	15

注：上、下脚手架的斜道不宜设在有外电线路的一侧。

起重机械与架空线路边线之间的最小安全距离 表 6-5

电压（kV）	<1	10	35	110	220	330	500
沿垂直方向最小安全距离（m）	1.5	3.0	4.0	5.0	6.0	7.0	8.5
沿水平方向最小安全距离（m）	1.5	2.0	3.5	4.0	6.0	7.0	8.5

防护设施与外电线路之间的最小安全距离 表 6-6

外电线路电压（kV）	≤10	35	110	220	330	500
最小安全距离（m）	1.7	2.0	2.5	4.0	5.0	6.0

5) 配电系统的配电箱、开关箱应标明设备的名称、用途、分路标记。停电检修时，必须悬挂停电标志牌并挂接必要的接地线。

6) 配电箱、开关箱必须按照下列顺序操作：

送电操作顺序为：总配电箱→分配电箱→开关箱；

停电操作顺序为：开关箱→分配电箱→总配电箱。

7）电线的相色

① 正确识别电线的相色

电源线路可分工作相线（火线）、工作零线和保护零线。一般情况下，工作相线（火线）带电危险，工作零线和保护零线不带电较安全（在不正常情况下，工作零线也可以带电）。

② 相色的规定

一般相线（火线）分为 A、B、C 三相，分别为黄色、绿色、红色；工作零线为淡蓝色；保护零线为黄绿双色线。

严禁用黄绿双色线、淡蓝色线当相线，也严禁用黄色、绿色、红色线作为工作零线和保护零线。保护零线的线径不应小于相线线径的 50%，工作零线的线径与相线线径相同或比其低一个级别（三相负荷基本平衡），但在单相电路中相线与零线线径应一致。

8）电气设备的设置、安装、使用、维修必须符合《施工现场临时用电安全技术规范》JGJ 46—2005 的要求。

（2）安全用电组织措施

1）建立安全用电技术交底制度，重点是向具体作业人员指出用电过程中的安全风险源和管理点及需要采取的相应技术措施。交底后应完备签字手续并载明交底日期。

2）建立安全检查和评估制度，按照《施工现场临时用电安全技术规范》JGJ 46—2005 定期对现场用电情况进行检查和评估。对发现的用电隐患，要及时排除并采取预防措施。

3）建立安全检测制度，定期对用电进行检测的主要内容有：接地电阻、电气设备绝缘电阻、漏电保护器动作参数等，检测时做好检测记录。

4）定期对专业电工和各类用电人员进行用电安全教育和必要的培训，经过考核合格者持证上岗，禁止无证上岗或随意串岗。

（3）防止触电措施

1）在所有通电的电气设备上，外壳又无绝缘隔离措施时，或当绝缘已经损坏的情况下，人体不要直接与通电设备接触，但可以用装有绝缘柄的工具带电操作。

2）所有用电设备必须做保护接零，并装设漏电保护装置。

3）在配电箱或启动器周围的地面上，应加铺一层干燥的木板或橡胶绝缘垫板。

4）架空高压线因外力作用，高压线断落地面时，人体应远离电线落点不小于 8～10m，并应有人守护，同时应及时组织抢修，排除危险。

5）经常对电气设备进行检查，发现温升过高或绝缘下降时，应及时查明原因，消除故障。

6）熔断器的熔丝不能选配过大，更不能随意用其他金属导线代替。

7）万一发生电气故障而造成漏电、短路，引起燃烧时，应立即断开电源。并用砂、四氯化碳或二氧化碳灭火器灭火，切不可用水或酸碱泡沫灭火器材灭火。

(二) 设备安全用电

1. 配电箱、开关箱和照明线路的使用要求

施工现场必须使用符合《施工现场临时用电安全技术规范》JGJ 46—2005 要求的合格配电箱和开关箱。同时，应按设备所需的容量来选择配电箱的型号，避免配电箱与设备之间的容量不匹配。配电箱的安装与使用要求如下：

1) 总配电箱（一级配电）应设置在靠近电源和负荷中心区域。分配电箱（二级配电）应设在用电设备集中的区域，分配电箱与开关箱（三级配电）的距离不得超过 30m，开关箱与其控制的固定式用电设备的水平距离不宜超过 3m。

2) 每台用电设备必须有各自专用的开关箱，严禁用同一个开关箱控制 2 台及 2 台以上的用电设备（含插座）。

3) 动力与照明配电箱宜分设，当合并设置在一个配电箱时，动力回路与照明回路应分路配电，动力开关箱与照明开关箱必须分设。

4) 配电箱、开关箱应装设在干燥、通风及常温场所，不得装设在有害介质中，亦不得装设在易受外来固体物撞击、强烈震动、液体浸溅及热源烘烤场所。否则，应予以清除或做防护处理。

5) 配电箱、开关箱的周围应有足够两人同时操作的空间及通道，箱前不得堆放任何妨碍操作的物品，不得有灌木、杂草。

6) 配电箱、开关箱应安装端正、牢固。固定式配电箱、开关箱的中心点距地面的垂直距离为 1.4~1.6m。移动式配电箱、开关箱应设置在牢固、稳定的支架上，其中心点与地面的垂直距离宜为 0.8~1.6m。

7) 配电箱、开关箱进出线应固定牢固、安装规范，严禁承受外力和机械损伤，应标有名称、用途、分路标记及系统接线图。

8) 配电箱、开关箱应配锁，由专人负责，箱内不得放置任何杂物，并应保持整洁。

9) 配电箱、开关箱内不得随意挂接其他用电设备。电气配置和接线严禁随意改动，电器装置损坏更换时，严禁采用与原规格、型号、性能不一致的代用品。严禁在隔离开关的负荷侧引出电源。

10) 施工现场下班停电工作时，必须将班后不用的配电装置断电上锁。班中停止一小时以上时，相关开关箱应断电上锁。

2. 保护接零和保护接地的区别及重复接地

(1) 保护接零与保护接地的区别

接地、接零的作用就是将用电设备在正常情况下不带电的金属导电部分与地（零）线进行电气连接。当设备发生故障，绝缘层遭到损坏，造成设备的外壳带电时与地（零）线发生短路时，保护装置将切断电源，避免设备外壳长期带电对人存在的危害。

目前，施工现场用电系统的接地、接零保护系统分两大类：TT 系统和 TN 系统（TN-C、TN-S、TN-C-S 系统）。

TT 系统：TT 系统的电源中性点直接接地，而电气设备外露可导电部分（金属外壳）通过与系统接地点（此接地点通常指中性点）无关的接地体直接接地。

由于在 TT 系统中电力系统直接接地，用电设备通过各自的 PE 线接地，因而在发生某一接地故障时，故障电流取决于电力系统的接地电阻和 PE 线的接地电阻，故障电流往往不足以使电力系统中的保护装置动作从而切断电源，这样故障电流就会在设备的外露可导电部分呈现危险的对地电压（约有 110V）。如果在环境条件比较差的场所使用这种保护系统的话，很可能达不到漏电保护的目的。另外，TT 系统还需要系统中每一个用电设备都通过自己的接地装置接地，施工工程量较大，所在施工现场不宜采用 TT 系统。

TN 系统：是电源中性点直接接地，电气设备外露可导电部分（金属外壳）直接接零（与中性线相连接，即接零制）的接零保护系统。根据中性线和电气设备金属外壳连接的不同方式，在 TN 系统中按照中性线与保护线组合情况又可分为 TN-C 系统、TN-C-S 系统和 TN-S 系统三种形式。

1) TN-C 系统——工作零线（N 线）和保护零线合一设置的（简称 PEN 或 NPE）接零保护系统。

2) TN-C-S 系统——在整个系统中，工作零线和保护零线前一部分是合一使用，后一部分是分开设置的接零保护系统。

3) TN-S 系统——在整个系统中工作零线（N 线）和保护零线（PE 线）是分开设置的接零保护系统。

上述介绍的接地保护与接零保护的几种连接方式如图 6-1 所示。

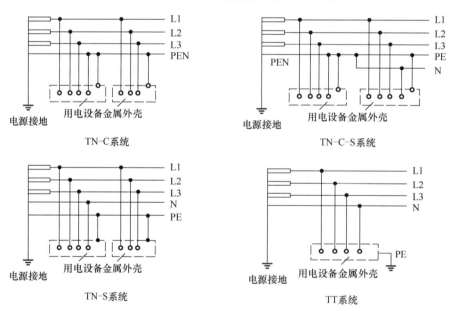

图 6-1 接地保护与接零保护的几种连接方式

根据《施工现场临时用电安全技术规范》JGJ 46—2005 的要求，施工现场专用的中性点直接接地的低压电力线路中，必须采用 TN-S 接零保护系统。因此，在施工现场专用变压器供电的 TN-S 接零保护系统中，电气设备的金属外壳必须与保护零线（PE 线）连接。而工作零线（N 线）必须通过总漏电保护器，保护零线（PE 线）应由工作接地线、配电室（总配电箱）电源侧零线或总漏电保护器电源侧零线处引出，形成局部 TN-S 接零保护系统，如图 6-2、图 6-3 所示。

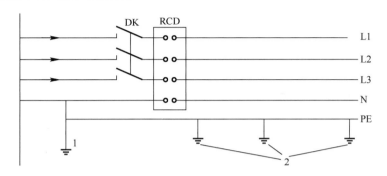

图 6-2　三相四线供电时局部 TN-S 接零保护系统保护零线引出示意
1—NPE 线重复接地；2—PE 线重复接地；L1、L2、L3—相线；N—工作零线；PE—保护零线；
DK—总电源隔离开关；RCD—总漏电保护器（兼有短路、过载、漏电保护功能的漏电断路器）

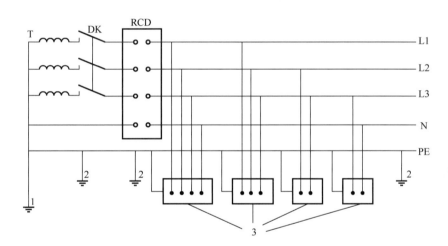

图 6-3　专用变压器供电时 TN-S 接零保护系统示意
1—工作接地；2—PE 线重复接地；3—电气设备金属外壳（正常不带电的外露可导电部分）；
L1、L2、L3—相线；N—工作零线；PE—保护零线；DK—总电源隔离开关；RCD—总漏
电保护器（兼有短路、过载、漏电保护功能的漏电断路器）；T—变压器

（2）重复接地

在变压器中性点直接接地的系统中，除在中性点直接接地以外，为了保证接地的作用和效果，还须在保护零线上的一处或多处再做接地，称为重复接地。重复接地电阻应小于 10Ω。

在保护接零系统中重复接地的作用：

1）降低漏电设备对地电压。
2）减轻零线断线时的触电危险和三相负荷不对称时对地电压的危险。
3）缩短碰壳或接地短路持续时间。
4）改善架空线路的防雷性能。

3. 漏电保护器的使用要求

（1）漏电保护器的工作原理、参数与分类

1）漏电保护器的工作原理和参数

漏电保护器的作用主要是防止漏电引起的事故和防止单相触电事故。它不能对两相触电起到保护作用。其次是防止由于漏电引起的火灾事故。当漏电保护装置与自动开关组装在一起，使其具备短路、过载、漏电保护的功能时，这种电器装置就称为漏电断路器。目前施工现场基本上使用的都是漏电断路器。

漏电保护器的工作原理：当电源供出的电流经负载使用后又全部回到电源时，在零序电流互感器铁芯中的合成磁场是为零的。在零序电流互感器的二次侧线圈中无感应电流产生，放大器中无信号。若负荷侧发生漏电，则电源供出的电流在负荷侧泄流了一部分后就不能全部流回到电源，零序电流互感器中合成的磁场就不为零，互感器二次侧的线圈中就产生了一个感应电压并送至放大器，放大器把检测到的信号经过放大后，推动灵敏继电器动作，触动连锁机构跳闸，达到切断电源的目的。

漏电保护器的参数：

额定电流 I_n，参数有 6、10、16、20、32、40、63、100、200、250、400、600（A）等。

额定剩余动作电流 $I_{\Delta n}$，参数有 15、30、50、75、100、150、200、300、500（mA）等。

额定剩余不动作电流 $I_{\Delta n0} = 0.5 I_{\Delta n}$。

分断时间参数有 0.1、0.2、0.3（s）等。

2）漏电保护器的分类

其按运行方式可分为：

① 不用辅助电源的漏电保护器（电磁式）；

② 使用辅助电源的漏电保护器（电子式）。

其根据保护功能可分为：

① 只有剩余电流保护功能的保护器；

② 有过载保护功能的保护器；

③ 有短路保护功能的保护器；

④ 有过载、短路保护功能的保护器；

⑤ 有过电压保护功能的保护器；

⑥ 有多功能（过载、短路、过电压、漏电）保护的保护器。

（2）漏电保护器的使用要求

漏电保护器应装设在总配电箱、分配电箱、开关箱靠近负荷一侧，且不得用于启动电气设备的操作。

漏电保护器的选择应符合《剩余电流动作保护电器（RCD）的一般要求》GB/T 6829—2017 和《剩余电流动作保护装置安装和运行》GB/T 13955—2017 的规定。

一般场所开关箱内漏电保护器的额定漏电动作电流不应大于 30mA，额定漏电动作时间不应大于 0.1s。

使用于潮湿或有腐蚀介质场所的漏电保护器应采用防溅型新产品。其额定漏电动作电流不应大于 15mA。额定漏电动作时间不应大于 0.1s。

空气湿度小于75%的一般场所可选用Ⅰ类或Ⅱ类手持式电动工具,其金属外壳与PE线的连接点不得少于2处;除塑料外壳Ⅱ类工具外,相关开关箱中漏电保护器的额定漏电动作电流不应大于15mA,额定漏电动作时间不应大于0.1s,其负荷线插头应具备专用的保护触头。所用插座和插头在结构上应保持一致,避免导电触头和保护触头混用。

漏电保护器的极数和线数必须与其负荷侧负荷的相数和线数一致。

漏电保护器宜选用无辅助电源型(电磁式)产品,如选用辅助电源故障时不能自动断开的辅助电源型(电子式)产品,应同时设置缺相保护。

漏电保护器应按产品说明书安装、使用。对搁置已久重新使用或连续使用的漏电保护器应逐月检测其特性,发现问题应及时修理或更换。

漏电保护器的正确使用接线方法应按图6-4选用。

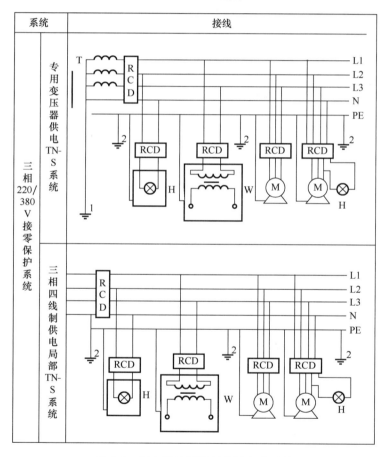

图6-4 漏电保护器使用接线方法示意

L1、L2、L3—相线;N—工作零线;PE—保护零线、保护线;1—工作接地;2—重复接地;
T—变压器;RCD—漏电保护器;H—照明器;W—电焊机;M—电动机

4. 行程开关(限位开关)的使用要求

行程开关,又称限位开关或者限位器,工作原理是利用生产机械运动部件的碰撞使其触头动作来实现接通或分断控制电路,从而实现限制机械运动的位置或行程;控制运动机械按一定位置或行程自动停止、反向运动、变速运动或自动往返运动。

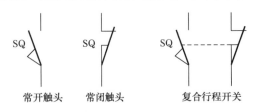

图 6-5 行程开关符号

行程开关基本构造包括操作头、触点系统和外壳,如图 6-5 所示。

行程开关按其结构可分为直动式行程开关、滚轮式行程开关、微动式行程开关和组合式行程开关。

（1）直动式行程开关

其动作原理同按钮类似,所不同的是一个是手动,另一个则由运动部件的撞块碰撞。外界运动部件上的撞块碰压按钮使其触头动作,当运动部件离开后,在弹簧作用下,其触头自动复位。

其结构原理如图 6-6 所示,其动作原理与按钮开关相同,但其触点的分合速度取决于生产机械的运行速度,不宜用于速度低于 0.4m/min 的场所。

（2）滚轮式行程开关

当运动机械的挡铁（撞块）压到行程开关的滚轮上时,传动杠连同转轴一同转动,使凸轮推动撞块,当撞块碰压到一定位置时,推动微动开关快速动作。当滚轮上的挡铁移开后,复位弹簧使行程开关复位。这种是单轮自动恢复式行程开关。而双轮旋转式行程开关不能自动复原,其依靠运动机械反向移动时,挡铁碰撞另一滚轮将其复原。

其结构原理如图 6-7 所示,当被控机械上的撞块撞击带有滚轮的撞杆时,撞杆转向右边,带动凸轮转动,顶下推杆,使微动开关中的触点迅速动作。当运动机械返回时,在复位弹簧的作用下,各部分动作部件复位。

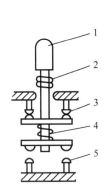

图 6-6 直动式行程开关
1—推杆；2、4—弹簧；
3—动断触点；5—动合触点

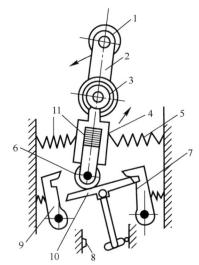

图 6-7 滚轮式行程开关
1—滚轮；2—上转臂；3、5、11—弹簧；4—套架；
6—滑轮；7—压板；8、9—触点；10—横板

滚轮式行程开关又分为单滚轮自动复位式和双滚轮（羊角式）非自动复位式,后者具

有两个稳态位置，有"记忆"作用，在某些情况下可以简化线路。

（3）微动式行程开关

微动式行程开关的组成，以常用的 LXW-11 系列产品为例，其结构原理如图 6-8 所示。微动式行程开关技术参数见表 6-7。

施工现场使用的机械设备主要是塔式起重机、施工升降机一类起重设备，大量使用限位开关（限位）装置。在塔式起重机中使用的行程开关有高度限位开关、变幅限位开关、回转限位开关，起重量限制器，起重力矩限制器。移动式的塔机有行程限位器。施工升降机（施工电梯）中使用有上下行程开关，起重量限制器，吊笼门（双门、单门和逃逸窗），开、闭限位开关等。这些行程开关在设备上的使用主要是防止超重、超载、越位、冒顶等。因此，这些行程开关在设备固定部位上安装要牢固，安装的位置要准确，行程开关中的辅助触点动作应灵敏、可靠。行程开关与控制继电接触器之间的电气连接应安全牢靠。

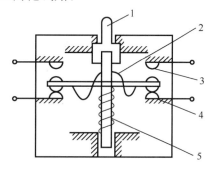

图 6-8 微动式行程开关
1—推杆；2—弹簧；3—动合触点；
4—动断触点；5—压缩弹簧

以 LX19 和 JLXK1 系列限位开关的主要技术参数为例　　表 6-7

型号	额定电压（V）	额定电流（A）	结构形式	触头对数常开	触头对数常闭	工作行程	超行程
LX19K	交流 380 直流 220	5	元件	1	1	3mm	1mm
LX19-001	同上	5	无滚轮，仅用传动杆，能自动复位	1	1	<4mm	>3mm
LXK19-111	同上	5	单轮，滚轮装在传动杆内侧，能自动复位	1	1	≤30°	≤20°
LX19-121	同上	5	单轮，滚轮装在传动杆外侧，能自动复位	1	1	≤30°	≤20°
LX19-131	同上	5	单轮，滚轮装在传动杆凹槽内	1	1	≤30°	≤20°
LX19-212	同上	5	双轮，滚轮装在 U 形传动杆内侧，不能自动复位	1	1	≤30°	≤15°
LX19-222	同上	5	双轮，滚轮装在 U 形传动杆外侧，不能自动复位	1	1	≤30°	≤15°
LX19-232	同上	5	双轮，滚轮装在 U 形传动杆内外侧各一，不能自动复位	1	1	≤30°	≤15°
JLXK1-111	交流 500	5	单轮防护式	1	1	12°～15°	≤30°
JLXK1-211	同上	5	双轮防护式	1	1	≤45°	≤45°
JLXK1-311	同上	5	直动防护式	1	1	1～3mm	2～4mm
JLXK1-411	同上	5	直动滚轮防护式	1	1	1～3mm	2～4mm

下篇 专业技能

七、建筑机械管理制度、计划编制

(一) 建筑机械管理制度

建筑机械管理制度有"三定"制度、持证上岗制度、交接班制度、检查制度、维修保养制度等。

1. "三定"制度

定人、定机、定岗位责任,简称"三定"制度,它是把建筑机械和操作人员相对固定下来,使建筑机械的使用、维护和保管的每个环节、每项要求都落实到具体人员,既责任明确,又有利于增强操作人员爱护机械的责任感。操作人员应做到熟悉建筑机械性能,熟练掌握操作技术,按时维护保养,保持机况良好,防止事故发生。"三定"制度的执行有利于开展经济核算和评比考核以及落实奖惩制度,是做好建筑机械安全使用管理的基础。

(1) "三定"制度的形式

大型建筑机械应交给以机长为负责人的机组人员,中小型建筑机械应交由以班组长为负责人的全组人员。"人机固定"应贯穿在建筑机械的整个使用过程中,由机长(班组长)负责正确使用、安全运行、定时保养、日常检查等工作,这样不仅可以提高操作人员的责任心,还可以根据机械运行情况作为评定操作人员技术水平的依据。根据建筑机械类型的不同,有下列三种形式:

1) 单人操作的机械,实行专人负责制,其操作人员承担机长职责。

2) 多班作业或多人操作的建筑机械,均应组成机组,实行机组负责制,其机组长即为机长。

3) 班组共同使用的机械以及一些不宜固定操作人员的设备,应指定专人或小组负责,限定具有操作资格的人员进行操作,实行专人或在小组长领导下的分工负责制。

(2) "三定"制度的管理

1) 机械操作人员的配备,应由设备产权单位选定派出,人员名单应报项目机械管理部门备案,其中大型设备确定一名机长,中小型设备确定一名机械班组长负责机械设备的有关管理事宜。

2) 机长或机械班组长确定后,应保持相对稳定,不要轻易更换。

3) 机械转场时,大型建筑机械原则上做到人随机调,重点建筑机械则必须人随机调。

(3) 岗位责任

建立健全建筑机械操作人员的岗位责任制是管好、用好建筑机械的必要条件。岗位责任制应明确操作人员内部分工，机组长的职责和职权，机组人员的职责和任务，机组（长）人员必须遵守和执行机械操作规程及有关制度与规定，对设备使用管理、安全运行、统计考核以及保养工作等负有直接责任。

1）操作人员岗位职责

① 努力钻研技术，熟悉设备的基本构造原理、技术性能、安全操作规程及保养规程等，达到本等级应知应会的要求。

② 正确操作和使用建筑机械，发挥建筑机械效能，降低消耗完成各项定额指标，保证安全运行。对违章指挥，有权拒绝并立即报告。

③ 精心保管建筑机械，做好日常保养和检查，使机械处于整齐清洁、润滑良好、调整适当、紧固件无松动等良好技术状态。保持机械附属装置、备品附件、随机工具等完好无损。

④ 及时正确填写各项原始记录和统计报表。

⑤ 认真执行岗位责任制及各项管理制度。

2）机长或机械班组长岗位职责

机长或机械班组长是不脱产的操作人员，除履行操作人员职责外，还应做到：

① 组织并监督检查全组人员对建筑机械的正确使用、保养和保管，保证完成施工生产任务。

② 检查并汇总各项原始记录及报表，及时准确上报。

③ 组织并检查交接班制度执行情况。

④ 组织本机组人员的技术业务学习，并对他们的技术水平提出意见和建议。

⑤ 组织好本机组内部及兄弟机组之间的团结协作和竞赛。

2. 持证上岗制度

为避免建筑机械损坏和机械事故的发生，保障机械的合理使用，安全运转，必须严格执行持证上岗制度，其操作人员必须经过培训，考试合格，取得操作证方可操作机械。

操作人员的培训认定由相应部门实施，主要分为特种作业人员与非特种作业人员。《特种作业人员安全技术培训考核管理规定》（国家安全生产监督管理总局令第30号），称特种作业，是指容易发生事故，对操作者本人、他人的安全健康及设备、设施的安全可能造成重大危害的作业。

(1) 特种作业人员

特种作业人员，是指直接从事特种作业的从业人员。建筑起重机械特种作业人员由住建系统负责培训、考核。特种作业工种主要包括：建筑起重信号司索工；建筑起重机械司机，包括塔式起重机司机、施工升降机司机、物料提升机司机；建筑起重机械安装拆卸工，包括塔式起重机安装拆卸工、施工升降机安装拆卸工、物料提升机安装拆卸工；建筑电工。

由其他部门培训、考核的特种作业工种主要包括：电气焊工；流动式起重机司机（汽车起重机除外）、门（桥）式起重机司机等。

(2) 非特种作业人员

很多施工企业的大型建筑机械操作人员,虽然不属于国家统一培训的特种作业,也需要持证上岗,如卷扬机、搅拌机、挖掘机、推土机、压路机、平地机、旋挖机、地下连续墙抓斗机等操作人员,都要经过培训考核合格后上岗。有些省市利用专业协会培训,或大的企业集团培训,或省市建设主管部门培训考核并发证。

操作人员应持证上岗,并随时接受检查。如操作人员违反操作规程或有关规章制度而造成事故,除按情节进行处理外,还应对操作证实行暂时收回或长期撤销的处分。

操作证每年组织一次审验,审验内容是操作人员的健康状况和奖惩、事故等记录,审验结果填入操作证有关记事栏。未经审验或审验不合格者,不得继续操作机械。

3. 交接班制度

为使建筑机械在多班作业或多人轮流操作时,做到定人定机,相互了解设备状况,明确任务,分清责任,防止机械损坏和附件丢失,保证施工生产的连续进行,可以采用人脸识别等新技术手段完成交接班。

建筑机械交接班时,交接双方都要全面检查,做到不漏项目,交接清楚,由交班方负责填写交接班记录,接班方核对无误签收后交班方才能下班。如双班作业晚班和早班人员不能见面时,仍应以交接班记录双方签字为凭。

交接班的内容如下:
(1) 交清本班任务完成情况、工作面情况及其他有关注意事项或要求。
(2) 交清机械运转及安全保护装置的状态,重点说明有无异常情况及处理经过。
(3) 交清领导的指令或上级来检查的情况。
(4) 交清本班生产过程中发生的大小事故及安全隐患。
(5) 交清机械保养情况及存在问题。
(6) 交清机械随机工具、附件等情况。
(7) 填好本班各项原始记录。

交接班的要求如下:
(1) 交接班人员要提前做好交接准备,提前10分钟上岗,将交接内容和存在的问题认真记入运行记录和交接班记录中。
(2) 交接班应坚持做到:资料数据记录不全不准交接;特殊工种岗位不交给无证上岗者及劳动保护用品穿戴不全者;正在处理的事故或故障不交接。
(3) 交接班时要认真,对交接班人发现的问题要及时进行整改,在交接班前发现的问题由交班方负责,接班者验收合格后交班方才可离去。
(4) 交班完毕后,对发现的大小问题,一律归接班人员负责,交班人不负任何责任。
(5) 交接班后,双方未签字或问题未处理完不能离岗。
(6) 交接班完毕后,双方在记录本上签字确认。

交接班记录簿由机械管理部门于月末更换,收回的记录簿是机械使用中的原始记录,应保存备查。机械管理人员应经常检查交接班记录的填写情况,并作为操作人员日常考核依据之一。

4. 检查制度

对建筑机械进行使用检查，及时排除安全隐患，是保证机械、正常运行的管理活动之一。施工企业应制定设备检查制度，明确检查周期、检查活动组织部门、负责人、检查人员、检查标准、问题的处理等内容，通过检查，发现问题、排除隐患、分析原因，以利于完善和提高企业设备管理水平。施工项目应贯彻公司的检查制度，根据项目具体情况，制定具体的实施办法。

施工项目建筑机械检查通常包括：日常检查，定期检查，专项（不定期）检查。既要对建筑机械本身进行检查，又要对操作人员、相关管理规定制度的落实情况进行检查，作为建筑机械管理员要会安排相关的检查及填写检查表格。

（1）日常检查

日常检查也称日常巡查，是机械员现场管理的重要内容之一，通过日常检查，了解设备使用状况，掌握设备性能，监督操作规程的执行，发现事故隐患，改进管理方法。

检查过程中应有记录，对存在的问题，下发整改通知单，相关单位和人员应对问题项目立即整改，合格后以书面形式填写整改回复单。

对拒不整改者而又造成事故的单位和个人，除按事故处理外，还应视事故损失严重情况给予扣分、罚款和处分；对不合格的操作人员及时更换。

（2）定期检查

定期检查是机械管理员组织有关人员开展的设备检查活动，检查周期分为周检查或月检查，检查时按照《施工现场机械设备检查技术规范》JGJ 160—2016 和《建筑施工安全检查标准》JGJ 59—2011 要求，填写检查表格，评比打分。采取表彰和处罚相结合的办法，可以引导建筑机械维修及操作人员爱岗爱设备，提高作业中的安全意识。

（3）专项（不定期）检查

这里所讲的专项检查是施工项目对发生以下情况后进行的特殊检查，主要包括：

1）冬闲过后重新开工的设备检查，暴风雨雪等极端天气过后对设备状况的检查，地震等地质灾害后的检查。

2）对改造或局部修理后的设备，如：增加额定能力、更换机构、改变控制位置、更换供电、改变承载结构设计、在承载结构上进行焊接、控制系统改造或升级和载荷有关的使用条件改变的设备，应进行专项检查。

3）节假日及某些特殊情况进行的检查。

4）行业主管部门或总包方聘请的第三方检测机构的检查。

5. 维修保养制度

为使机械设备保持良好的工作状态，减少机械磨损，延长使用寿命，提高机械完好率，必须对机械进行日常维护、一级保养和二级保养。

（1）日常维护

其主要内容是：清洁零部件，补充燃油与润滑油，补充冷却水，检查并紧固零件，检查操纵、转向与制动系统是否灵活可靠，并作适当调整。

（2）一级保养

其主要内容是：根据设备使用情况，对部分零部件进行拆卸、清洗；对某些配合间隙进行调整；清除设备表面油污，检查、调整润滑油路，保证畅通和无泄漏；清扫各种电器装置和动力设备，保证其牢靠、整洁和安全。

(3) 二级保养

其主要内容是：根据设备使用情况，对设备进行部分解体检查和清洗；修复或更换易损件；对传动箱、液压油（液）箱、冷却液箱洗换油（或液），使油质和油量符合要求并保证正常润滑、冷却；检查、调整、修复和校正水平；检修电器箱、电动机，整修线路等。

（二）建筑机械运行管理计划编制

1. 运行管理计划内容

（1）建筑机械管理策划；

（2）建筑机械需用计划；

（3）设备投资计划书；

（4）检查计划；

（5）设备维修保养计划；

（6）配件贮备计划。

2. 运行管理计划编制

（1）编制常规维修保养计划

① 计划编制

建筑机械的维修保养是设备安全运行的重要保证，其工作质量的好坏将直接影响到工程进度和效益。通过对设备的检查、调整、保养、润滑、维修，可以降低建筑机械的故障率，提高建筑机械的使用效率，延长使用寿命。

在建筑机械的使用过程中，应根据建筑机械的使用年限、运行状况、工作任务的轻重，参考故障浴盆曲线，编制建筑机械维修保养计划，并及时对建筑机械进行维修保养。

一般建筑机械管理部门根据每台已运转台时、运转情况及任务量，确定进行保养的级别和日程，年初编制保养计划，样表见表7-1、表7-2，维修保养计划中应明确需维修保养的主要部件，保养的时间，作业目标要求等具体内容，并下达维修保养任务单，方便实施。

单机维保计划表必须明确的内容有：具体机械、计划实施时间、保养部位、维保级别。其他内容包括：实施单位、维修保养延续时长、预计费用等，可根据本单位实际控制要求列入计划表中。

××年建筑机械保养计划表　　　　　　　　　　　　　　　　表 7-1

计划部门：_____　　提出日期：_____

月份＼保养内容＼机械名称	1		2		3		4		5		6		7		8		9		10		11		12	
	计划	实施	计划	实施	计划	实施	计划	实施	计划	实施	计划	实施	计划	实施	计划	实施	计划	实施	计划	实施	计划	实施	计划	实施

批准/日期：_____　审核/日期：_____　计划/日期：_____

建筑机械修理计划表　　　　　　　　　　　　　　　　表 7-2

填报单位：

机械编号	机械名称	规格型号	上次修理后已运转时间	本次修理类别	主要修理项目	预计金额	送修时间			维修工期（天）	承修单位	备注
							上旬	中旬	下旬			

负责人：　　　填报人：　　　实际报出日期：

根据修理类别的不同，机械的修理可以分为三类：大修、中修（故障修理或计划性维修）、小修（日常保养）。中修、小修下达普通修理计划，大修要下达大修计划。对于塔式起重机、施工升降机等大型设备，每年都应制定保养计划和修理计划。

② 维修保养的相关要求

建筑机械维修保养前，需对保养机械进行进场检验，修护及保养完毕后做竣工检验。竣工检验不合格的维修设备不允许出场使用。

对维修保养建筑机械，维修保养人员按保养级别、附加修理项目、更换主要配件等项目填写维修保养记录（表 7-3、表 7-4）。

对大修计划，如当年因为施工不能进行修理计划的，应对建筑机械的使用情况进行检查，确认设备无安全隐患，可以继续使用的方可继续使用。建筑机械使用完毕后立即执行大修计划。

建筑机械维修完毕后，由送修、承修双方共同鉴定验收。鉴定验收内容包括：对建筑机械外部检查、空运转试验、负荷试验和试验后的复查修理。维修鉴定验收后填写维修验收记录（表 7-5）。

建筑机械管理部门应做好维修保养台账（表7-6）的填写，及大修计划执行情况统计（表7-7），便于维修管理等多种计划的编排。

建筑机械维修记录　　　　　　　　　　　　　　表 7-3

施工单位及项目：
机械编号：　　　　机械名称：　　　　规格型号

日期	修理性质	实用工时	修理项目	配换材料				维修人员	检验人员	备注
				名称	数量	单价（元）	复价（元）			

负责人：　　　　填表人：

建筑机械保养记录　　　　　　　　　　　　　　表 7-4

施工单位及项目：
机械编号：　　　　机械名称：　　　　规格型号：

日期	距上次保养间隔	保养级别	保养项目	使用材料				保养工时			保养人员	检验人员	备注
				名称	数量	单价（元）	复价（元）	工种	等级	工时			

负责人：　　　　填表人：

建筑机械修理验收记录　　　　　　　　　　　　　　表 7-5

机械名称		规格型号		统一编号	
修理单位					
更换主要配件					
修理起止时间					
修理人员					

验收内容：

验收结论					
技术负责人签字		修理负责人签字		修理班组长签字	

建筑机械保养修理台账 表 7-6

单位名称　　　　　　　年　月　日

机械编号	机械名称	规格型号	进修日期	修竣日期	保修类别	累计运转合计	保养、修理主要项目	更换主要配件	费用金额（元）	送修单位	承修单位

填报人：　　　　审核：

年、季度建筑机械大修理计划执行情况 表 7-7

填报单位：

机械编号	机械名称	规格	修理类别		进厂日期		出厂日期		费用					送修单位	承修单位	备注
			计划	实际	月	日	月	日	合计	工时费	材料费	工具费	其他			

负责人：　　　　统计员：　　　　时间：

（2）编制常规安全检查计划

实施建筑机械检查活动，是为了及时发现机械设备使用中存在的问题，实施事前机械控制行为，确保设备的安全使用，保障施工项目的正常运行。依据项目日常管理要求、各机械的特点、工作任务的情况，实施检查的范围、内容及实施人员都不相同，一般都要编制检查计划。

检查计划中要明确的内容有：需达到的目标效果、实施检查时间、实施检查人员、检查事项内容、检查方式方法、需用的仪器工具等。

八、建筑机械的配置

建筑机械的配置是施工组织中的内容之一,方案选配的主要依据是:工程特点、施工条件、施工方法和工期要求等。

(一)建筑机械的合理配置

1. 合理配置建筑机械的目的

合理配置建筑机械,是为了提高机械作业的生产率,降低机械运转费用,延长机械使用寿命并达到项目施工安全、质量、进度目标。在组织机械化施工时,根据现场条件和施工工艺,配置项目各阶段的机械组合,可以确定项目各阶段的机械管理任务及目标。

2. 选择建筑机械的依据

建筑机械的选择应与工程的具体实际相适应,所选机械是在具体的、特定的环境条件下作业,这些环境条件包括地理气候条件、作业现场条件、作业对象等。合理选择建筑机械的依据是:施工方法、工程量、施工进度计划、施工质量要求、施工条件、机械的技术状况和机械的供应情况等。建筑机械的技术状况参数主要是:机械的容量、能耗、功能、工作半径、速度、生产率、安装及运输尺寸、作业质量、功率等。

(二)典型工程建筑机械配置

1. 公路工程建筑机械配置

公路工程施工主要使用推土机、装载机、挖掘机、铲运机、平地机、压路机、凿岩机以及石料破碎和筛分设备,部分工艺复杂的工程还需要桥(门)式起重机和其他流动式起重机等。应根据工程的作业要求和不同的施工方法,选择适宜的建筑机械设备。

(1)路基工程主要建筑机械的配置

1)对于清基和料场准备等路基施工前的准备工作,选择的建筑机械主要有:推土机、挖掘机、装载机和平地机等。

2)对于土方开挖工程,选择的建筑机械主要有:推土机、铲运机、挖掘机、装载机、流动式起重机和自卸汽车等。

3)对于石方开挖工程,选择的建筑机械主要有:挖掘机、推土机、装载机、移动式空气压缩机、凿岩机、爆破设备和自卸汽车等。

4)对于土石填筑工程,选择的建筑机械主要有:推土机、铲运机、挖掘机、装载机、羊足碾、各类压路机(振动、静压和梅花碾等)、洒水车、强夯机、部分犁形设备、稳定土拌合机、平地机和自卸汽车等。

5) 对于路基整形工程，选择的机械主要有：平地机、推土机和挖掘机等。

(2) 路面基层施工主要建筑机械的配置

1) 基层材料的拌合设备：集中拌合（厂拌）采用成套的稳定土拌合设备，现场拌合（路拌）采用稳定土拌合机。

2) 摊铺平整机械：包括拌合料摊铺机、平地机、推土机、挖掘机、石屑或场料撒布车。

3) 装运机械：装载机和运输车辆。

4) 压实设备：压路机（振动静压）。

5) 清除设备和养护设备：清除车、洒水车。

(3) 沥青路面施工主要建筑机械的配置

1) 混凝土搅拌设备的配置：高等级公路一般选用生产量高的强制式沥青混凝土搅拌设备。

2) 沥青混凝土摊铺机的配置：通常每台摊铺机的摊铺宽度不宜超过7.5m，可以按照摊铺宽度确定摊铺机的台数。

3) 沥青路面压实机械配置：沥青路面压实的压路机有光轮压路机、轮胎压路机和振动压路机。

(4) 水泥混凝土路面施工主要建筑机械的配置

其按工序配置主要有：混凝土搅拌站、运输泵车、装载机、运输车、布料机、挖掘机、滑模摊铺机、整平机、拉毛养护机、切缝机、洒水车等。

1) 滑模摊铺施工

① 滑模摊铺机铺筑水泥混凝土面层，其特征是不架设边缘固定模板，布料、摊铺、振捣密实、挤压成型、抹面装饰等施工流程在摊铺机行进过程中连续完成。

② 滑模摊铺工艺宜用于高速、一级、二级公路普通水泥混凝土面层、配筋混凝土面层、纤维混凝土面层、钢筋混凝土桥面、隧道混凝土面层、混凝土路缘石、路肩石及护栏等的滑模施工。

③ 相关技术要求。采用滑模摊铺机在基层上行走的铺筑方案时，基层侧边缘到滑模摊铺面层边缘的宽度不宜小于650mm；传力杆和胀缝拉杆钢筋宜采用前置支架法施工，也可采用滑模摊铺机配备的自动插入装置（DBI）施工；滑模摊铺水泥混凝土路面时，摊铺机应配备自动抹平板装置。

④ 上坡纵坡大于5%、下坡纵坡大于6%、平面半径小于50m或超高横坡超过7%的路段，不宜采用滑模摊铺机进行摊铺。

⑤ 滑模摊铺机械系统应配套齐全，生产设备的数量和生产能力应满足铺筑进度要求，可按下列要求进行配备：

A. 滑模铺筑无传力杆水泥混凝土路面时，布料可使用轻型挖掘机或推土机。

B. 滑模铺筑连续配筋混凝土路面、钢筋混凝土路面、桥面和桥头搭板，路面中设传力杆钢筋支架、胀缝钢筋支架时，布料应采用侧向上料的布料机或供料机。

C. 应采用刻槽机制作宏观抗滑构造。

D. 面层切缝可使用软锯缝机、支架式硬锯缝机或普通锯缝机。

2）轨道式摊铺施工

除水泥混凝土生产和运输设备外，还要配备卸料机、摊铺机、振动机、整平机、拉毛养护机等。

(5) 桥梁施工主要建筑机械的配置

1) 通用建筑机械：常用的有各类吊车，各类运输车辆和自卸车等。

2) 桥梁混凝土生产与运输机械：主要有混凝土搅拌站、混凝土运送车、混凝土泵和混凝土泵车。

3) 下部建筑机械：

① 预制桩建筑机械：常用的有蒸汽打桩机、液压打桩机、振动沉拔桩机、静压沉桩机等。

② 灌注桩建筑机械：根据施工方法的不同配置不同的施工机械。常用的有旋挖钻机、长螺旋钻机、正循环钻机、反循环钻机和冲击钻机等。

4) 上部施工机械：

① 悬臂施工法：主要建筑机械有吊车、悬挂用专门设计的挂篮设备。

② 预制吊装施工法：主要建筑机械有各类起重机或卷扬机、万能杆件、贝雷架和架桥机等；为架设市政桥梁工程，以桥墩（台）或桥面为支承点，将预制桥梁梁体（包括整孔梁体、整跨梁片、节段梁体）安装在桥墩（台）指定位置的设备，简称为架桥机，主要应用于大跨度桥梁的施工中。

③ 满堂支架现浇法：主要建筑机械有各类万能杆件、贝雷架和各类轻型钢管支架等。

2. 高层施工建筑机械配置

高层施工包括基础施工、结构施工、装修施工等，高层施工的体系决定了大量建筑材料需要垂直和水平运输，其中垂直运输机械尤其重要。

(1) 垂直运输机械的种类

1) 垂直运输机械常用的有塔式起重机、施工升降机。

塔式起重机一般常用的有附着式塔式起重机和爬升式塔式起重机。

施工升降机是指临时安装的、带有导向的平台、吊笼或其他运载装置并可在各层站停靠的升降机械，其分为可进人和不可进人两种。

2) 混凝土输送机械有混凝土泵、混凝土运送车等。

混凝土泵常用的有汽车臂架式和拖式泵。

混凝土运送车常用容量为 $6\sim12m^3$。

(2) 垂直运输机械的选配

塔式起重机选择要考虑建筑物的外形和平面布置、建筑层数和建筑总高度、建筑工程量、建筑构造材质工艺、材料的重量、施工工期以及周围施工条件。以工期最短、效率最高为目标，在满足参数要求和台数需要的前提下，应优先选用安全稳定性能好、生产效率高、造价相对低、台班费用相对便宜的塔式起重机。

利用混凝土泵进行混凝土浇筑，要根据工程特点、工期要求和施工条件，正确选择混凝土泵的种类。臂架泵又叫混凝土泵车，臂架展开后，浇筑范围大，可直接将混凝土浇筑到指定部位，施工方便，排量大、效率高，随着我国混凝土泵车的快速发展，臂架越来长，泵送高度越来越高，但仍不能满足超高层建筑施工的需要。

混凝土拖式泵，适合于高层及超高层建筑混凝土浇筑，但需要布置输送管，泵送后还要对输送管进行清洗，需要人力较多，对输送管布置需要进行设计和安装，合理组织施工，取得较好的施工效益。在超高层混凝土泵送中，要特别注意选择泵送设备的功率和泵管相应的配套技术措施，例如泵管壁厚、材质和连接方式等，其与普通泵管有显著区别。

（3）垂直运输机械综合布设

随着建筑技术的不断发展，各种建筑工艺和材料不断应用，目前除了垂直运输设备外，建筑施工现场也会采用其他机械设备进行辅助施工，并且可能会与垂直运输设备产生相互干涉和影响。因此常用高层建筑施工起重运输体系设计时，还应考虑与其他设施的交叉情况。例如：爬模系统、附着式升降脚手架、液压自爬式布料设备和一体化升降作业平台等，外附着式塔吊和升降机需要考虑建筑结构外侧硬防护设置、悬挑式卸料平台和钢结构、幕墙的部分要求。

起重运输体系组合，在满足高层建筑施工过程中运输的需要外，还应在进行选择时全面考虑以下几方面：

1）运输能力要能满足规定工期的要求

高层建筑施工的工期在很大程度上取决于垂直运输的速度和设备吊载能力，如一个标准层的施工工期和施工工艺所涉及的材料确定后，则需选择合适的机械、配备相应的型号和足够的数量以满足要求。

2）综合经济效益好

机械费用的高低虽然不能绝对地反映经济效益，但可以加快施工速度和降低劳动消耗。因此对于机械的选用和其配套要考虑综合经济效益，要全面地进行技术经济比较。

3）机械费用低

高层建筑施工用的机械较多所以机械费用较高，在选择机械类型和配备时，应力求缩减工期来整体降低成本。

3. 根据方案选配建筑机械

单项工程建筑机械选配主要依据的是施工方案，选配方法是根据工程量、工期要求、单机生产率，综合考虑作业干扰因素，设定建筑机械生产能力充盈系数，确定选择主要机械的型号、数量及其他配套设备的型号及数量。

（三）建筑机械的合理优化

建筑机械的优化是在已确定主要建筑的基础上，依据施工组织中的分区、分部目标，人力、材料物资等的供应情况，综合考虑成本，选择一种技术可行、安全保障、经济合理的机械设备配置方案；确定主要建筑机械的位置及附属设施的位置，完善现场平立面布置；并按项目各阶段目标要求，确定所有建筑单机型号、数量、进出场时间等详细情况计划。

1. 优化的基本原则

建筑机械选择应考虑实际工程量、施工条件、技术力量、配置动力与生产能力等因素；配置要以施工整体效率为优先，做到生产上适用、安全可靠、设备状况稳定、经济合理、能满足施工要求；要充分考虑设备的生产率、可靠性、维修性、节能性、成套性、安全性和环境性等。设备应选择整机性能好、效率高、故障率低、维修方便、互换性强的设备。如选择国产或国外设备时，要充分考虑设备的维修、售后服务等后期服务，以免因维修或配件问题影响生产进度。

2. 建筑机械成本合理优化

目前施工企业主要是依据这些原则，以综合成本最低化目标，进行机械优化配置，提升企业的市场竞争力。

（1）优化流程：配置方案预选（符合性、实效性查验）→各方案全部费用开支预算（含风险费用预估）→计算各方案总成本（或单位成本）→选取最优的配置方案→编制完善机械设备配置计划书。

（2）注意事项：在建筑机械的方案预选过程中，除了考虑本项目施工需求外，还应考虑本企业管理适应性、周边环境因素等，列出可能出现的管理、使用风险。如在居民区附近，应选择噪声小、便于噪声控制的设备；如在建筑群中，还应考虑场地是否满足设备的安装、使用、拆除等问题。费用开支预算过程中，要计划全部费用，不得漏项。

九、建筑起重机械安全监督检查

（一）建筑起重机械安装拆卸的监督

特种设备是指对人身和财产安全有较大危险性的锅炉、压力容器（含气瓶）、压力管道、电梯、起重机械、客运索道、大型游乐设施、场（厂）内专用机动车辆，以及法律、行政法规规定适用《中华人民共和国特种设备安全法》的其他特种设备。建筑机械中最广泛应用的就是建筑起重机械，依据特种设备安全法，施工单位、监理单位、建筑起重机械出租单位和安装单位对建筑起重机械安装拆卸管理均有各自的责任。《建筑起重机械安全监督管理规定》，明确了建筑起重机械从安装到拆除的管理程序，其监督管理流程如图9-1所示。

1. 产权备案

建筑起重机械备案由建设主管部门根据规定，对产权单位的建筑起重机械进行登记编号，发给备案证明。通过备案管理对建筑起重机械进行统计跟踪，以便进行有效的管理。

（1）备案单位及要求

建筑起重机械出租单位或者自购建筑起重机械使用单位即产权单位，在建筑起重机械首次出租或安装前，应当向本单位工商注册所在地县级以上地方人民政府建设主管部门办理备案。

（2）备案提交资料

产权单位在办理备案手续时，应当向备案机关提交以下资料：

1）产权单位法人营业执照副本。
2）制造许可证。
3）产品合格证。
4）购销合同、发票或相应有效凭证。
5）备案机关规定的其他资料。

（3）不予备案规定

有下列情形之一的建筑起重机械，备案机关不予备案，此类建筑起重机械应该办理备案注销并采取解体等销毁措施予以报废：

1）属国家和地方明令淘汰或者禁止使用的。
2）超过制造厂家或者安全技术标准规定使用年限的。
3）经检验达不到安全技术标准规定的。

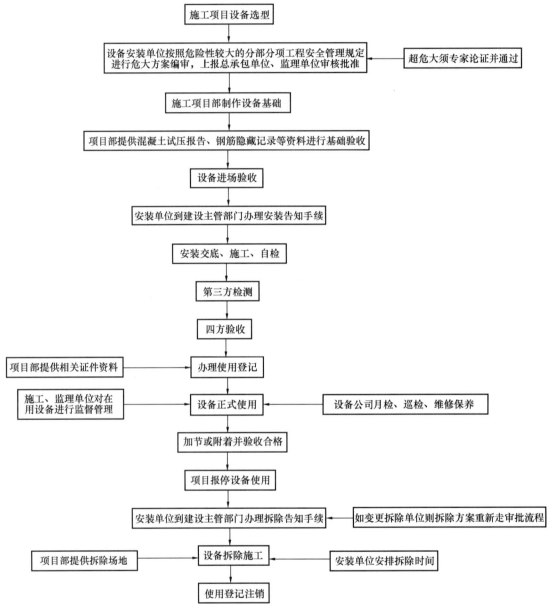

图 9-1 建筑起重机械安装拆卸监督管理流程图

(4) 备案证明领取

备案机关应当自收到产权单位提交的备案资料之日起 7 个工作日内,对符合备案条件且资料齐全的建筑起重机械进行编号,向产权单位核发建筑起重机械备案证明。

2. 安装拆卸告知

建筑起重机械安装拆卸实行安装拆卸告知制度,安装单位应当在建筑起重机械安装拆卸前 2 个工作日内,告知工程所在地县级以上地方人民政府建设主管部门。安装拆卸告知所提交的如下资料,需经施工总承包单位、监理单位审核:

1) 建筑起重机械备案证明。
2) 安装单位资质证书、安全生产许可证副本。
3) 安装单位特种作业人员证书。
4) 建筑起重机械安装拆卸工程专项施工方案。
5) 安装单位与施工总承包单位签订的安装拆卸合同及安装单位与施工总承包单位签订的安全协议书。
6) 安装单位负责建筑起重机械安装拆卸工程专职安全生产管理人员、专业技术人员名单。
7) 安装单位编制的建筑起重机械安装拆卸工程生产安全事故应急救援预案。
8) 辅助起重机械资料及其特种作业人员证书。
9) 施工总承包单位、监理单位要求的其他资料。

3. 安装施工

建筑起重机械安装时（包括拆卸、顶升、附墙）是最容易发生安全事故的，需要对安装作业从准备到安装完毕验收的各个环节制定严格制度，使整个安装施工处于受控状态下。

（1）资质

建筑起重机械的安装拆卸实行资质管理，根据《起重设备安装工程专业承包企业资质等级标准》等有关规定，把建筑起重机械安装拆卸纳入建设工程专业承包，起重机械的安装拆卸必须由取得建设行业行政主管部门颁发的安装拆卸资质证书的专业单位进行，并在资质许可范围内从事拆装施工作业。

安装单位依法取得建设主管部门颁发的相应资质，同时还必须取得建筑施工企业安全生产许可证，以保证安装拆卸的施工工程安全。

产权（或使用）单位的建筑起重机械若委托安装单位安装拆卸，双方应当签订建筑起重机械安装拆卸合同，并明确双方的安全生产责任。实行施工总承包的，施工总承包单位应当与安装单位签订建筑起重机械安装、拆卸工程合同。

（2）安装拆卸作业人员

建筑起重机械安装拆卸作业人员必须经过专业安全技术培训，取得建设行政主管部门颁发的"建筑起重机械安装拆卸工"上岗证书，方可从事安装拆卸作业，并与公司签订劳动合同，按照安全生产法要求履行权利和义务，无证人员不得从事安装拆卸作业。

（3）专项施工方案

建筑起重机械的安装拆卸是一项专业性强，技术要求高，安全要求严格规范的危大工程，应当在危大工程施工前，由安装企业组织工程技术人员编制专项施工方案，包括塔式起重机、施工升降机等大型机械设备的安装、附着锚固、顶升、降节、拆卸方案（图9-2）。

安装企业编制的安装拆卸施工方案，应当由总承包单位技术负责人及分包单位技术负责人共同审核签字并加盖单位公章，并由总监理工程师审查签字、加盖执业印章后方可实施。

对于超过一定规模的危大工程，施工单位应当组织召开专家论证会对专项施工方案进行论证。实行施工总承包的,由施工总承包单位组织召开专家论证会。专家论证前专项施工方案应当通过施工单位审核和总监理工程师审查。

专家应当从地方人民政府住房城乡建设主管部门建立的专家库中选取,符合专业要求且人数不得少于5名。与本工程有利害关系的人员不得以专家身份参加专家论证会。

专家论证会后,应当形成论证报告,对专项施工方案提出通过、修改后通过或者不通过的一致意见。专家对论证报告负责并签字确认。

专项施工方案经论证需修改后通过的,施工单位应当根据论证报告修改完善后,重新履行"安装企业编制的安装拆卸施工方案,应当由总承包单位技术负责人及分包单位技术负责人共同审核签字并加盖单位公章,并由总监理工程师审查签字、加盖执业印章后方可实施"的程序。专项施工方案经论证不通过的,施工单位修改后应当按照《危险性较大的分部分项工程安全管理规定》的要求重新组织专家论证。

安装企业应当严格按照专项施工方案组织施工,不得擅自修改专项施工方案。因规划调整、设计变更等原因确需调整的,修改后的专项施工方案应当按照《危险性较大的分部分项工程安全管理规定》的要求,重新审核和论证。

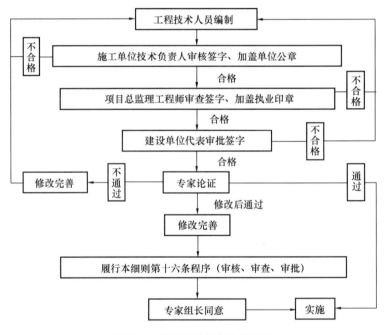

图 9-2 专项施工方案编制流程

(4)安全技术交底

安全技术交底是建筑起重机械安装拆卸作业安全管理的一项重要工作内容,有利于拆装的安全有序进行。

安装拆卸方案实施前,安装企业编制人员或者项目技术负责人应当向施工现场管理人员进行方案交底,对方案进行讲解。安装企业施工现场管理人员应当向作业人员进行安全技术交底,将施工要点、安全技术措施、安装方法、工艺步骤、施工中可能出现的危险因素、安全施工注意事项等向安装作业人员交底,并由双方和安装企业专职安全生产管理人员共同签字确认。

安装企业应当对危大工程施工作业人员进行登记，安装企业项目负责人应当在施工现场履职。

（5）安装拆卸作业

施工总承包单位应当在施工现场显著位置公告危大工程名称、施工时间和具体责任人员，并在危险区域设置安全警示标志。

1) 安装前检查：安装拆卸前对设备进行检查，各零部件应该完好齐全，杜绝设备带病施工，确保正常安装拆卸。

2) 安装拆卸施工：上述准备工作完毕后，方可开始进行安装拆卸作业。作业中要执行安全技术交底的内容和要求，按照安装拆卸工艺流程组织施工，作业人员进入自己岗位并明确责任和作业内容，在技术、安全人员的安全监护和技术支持下，按照施工方案规定的程序和工艺进行安装拆卸施工作业。

3) 安装监督：安装企业专职安全生产管理人员应当对专项施工方案实施情况进行现场监督，对未按照专项施工方案施工的，应当要求立即整改，并及时报告安装企业项目负责人，安装企业项目负责人应当及时组织限期整改。

施工总承包单位设备和安全人员对安装过程进行监督和安全巡视，发现危及人身安全的紧急情况，应当立即组织作业人员撤离危险区域。

监理单位应派安全监理工程师进行旁站监理。

（6）安装自检

安装完毕后安装单位按照有关技术规定进行调试，调试内容包括安全装置、各工作机构、电器系统、钢结构连接等，并进行载荷试验，调试完毕后，出具自检合格报告。

4. 安装检验

建筑起重机械安装完毕后（验收前），报请具有相应资质的检验检测机构对安装的建筑起重机械进行安装检验，检验合格后出具《验收检验报告》，检验检测机构和检验检测人员对检验检测结果、鉴定结论依法承担法律责任。

5. 安装验收

使用单位组织出租、安装、监理等有关单位进行验收，填写有关表格并签字；或者委托具有相应资质的检验检测机构进行验收。实行施工总承包的，由施工总承包单位组织验收。建筑起重机械经验收合格后方可投入使用，未经验收或者验收不合格的不得使用。

6. 使用登记

建筑起重机械使用单位在建筑起重机械安装验收合格之日起 30 日内，向工程所在地县级以上地方人民政府建设主管部门（简称"使用登记机关"）办理使用登记。使用单位在办理建筑起重机械使用登记时，应当向使用登记机关提交下列资料：

1) 建筑起重机械备案证明。
2) 建筑起重机械租赁合同。
3) 建筑起重机械检验检测报告和安装验收资料。

4）使用单位特种作业人员资格证书。
5）建筑起重机械维护保养等管理制度。
6）建筑起重机械生产安全事故应急救援预案。
7）建筑起重机械安装拆卸安全事故应急救援预案。
8）使用登记机关规定的其他资料。

使用登记机关自收到使用单位提交的资料之日起 7 个工作日内，对于符合登记条件且资料齐全的建筑起重机械核发建筑起重机械使用登记证明。

有下列情形之一的建筑起重机械，使用登记机关不予使用登记并有权责令使用单位立即停止使用或者拆除，并注销建筑起重机械使用登记证明。

1）属国家和地方明令淘汰或者禁止使用的。
2）超过制造厂家或者安全技术标准规定使用年限的。
3）经检验达不到安全技术标准规定的。
4）未经检验检测或者经检验检测不合格的。
5）未经安装验收或者经安装验收不合格的。

施工单位应当依据《危险性较大的分部分项工程安全管理规定》将以下危大工程安全管理资料纳入危大工程安全管理档案：

1）《危险性较大的分部分项工程清单》。
2）《危险性较大的分部分项工程汇总表》。
3）风险评价和风险管控相关资料。
4）专项施工方案及施工单位审核、监理单位审查、建设单位审批手续。
5）《危险性较大的分部分项工程专家论证报告》及专家论证会会议签到表。
6）方案交底及安全技术交底。
7）施工作业人员登记表。
8）项目负责人现场履职记录。
9）项目专职安全管理人员现场监督记录。
10）施工监测和安全巡视记录。
11）上月专项施工方案实施情况说明。
12）验收记录。
13）隐患排查整改和复查记录。

（二）特种设备资料符合性查验

对于特种设备使用管理，查验设备资料是必须掌握的内容，主要查验生产、安拆、监管等各相关单位依法出具的资料，如制造许可证、产品合格证、定型试验报告、产品使用说明书等；查验目的是保证特种设备使用的合法性，做到依法明确各相关单位责任。

主要查验内容有：

1）资料与设备的对应性查验，设备资料与进场设备是否对应，设备标识的名称、型号、出厂编号、生产厂家等与资料是否一致。
2）资料的真实有效性查验，查验资料的公章、签字、时间等内容与相关单位行政许可及设备标识是否一致，必要时通过网络、电话等手段查验。

3）生产单位、生产活动的合法性、生产能力对应性。查验相关单位的制造许可证与设备相关要求是否一致。

4）特种作业人员查验，对设备安装人员、操作人员、信号司索工等特种作业人员，查验的内容是资格证书符合性：作业种类、证书有效期、年度审核情况、照片与人员等。

5）安装单位资质查验，对资质有效性、施工允许范围、有效期、安全生产许可证有效性等进行审核验证。

十、安全技术交底

安全技术交底是机械安全运行控制中的一个重要流程,是通过方案、标准规范的学习、讲解,让机械实际操控人员掌握机械设备安全风险控制、技术要点、应对措施等。施工单位应结合企业实际,制定安全技术交底制度,保证安全交底的有效性,提高作业人员安全意识,规范安全技术操作,创造安全生产环境。

安全技术交底的内容主要依据有:施工技术方案、机械设备手册、施工安全技术规范、技术规程等。

安装拆卸方案实施前,安装企业编制人员或者项目技术负责人应当向施工现场管理人员进行方案交底,对方案进行讲解。安装企业施工现场管理人员应当向作业人员进行安全技术交底,将施工要点、安全技术措施、安装方法、工艺步骤、施工中可能出现的危险因素、安全施工注意事项等向安装作业人员交底并由双方和安装企业专职安全生产管理人员共同签字确认。

机械设备使用操作交底,通常由施工总承包单位机械员及产权单位对操作人员、指挥人员进行联合安全技术交底,讲解操作规程、使用要领、注意事项等内容,并由交底人及被交底人和施工总承包单位专职安全生产管理人员共同签字确认。

十一、作业人员教育培训

1. 安全教育和技术培训

安全教育和技术培训是提高各级领导、管理人员、作业人员的安全素质、管理能力和技术水平的基础工作,在高度认识机械设备安全生产的重要性基础上,精通建筑机械管理专业知识,提高技术水平。

建筑施工企业的安全教育,是学习掌握国家安全生产法律法规和新的管理规定,提高安全生产意识和管理能力,掌握安全生产知识和操作技能,熟悉企业安全管理规章制度,遵守安全操作规程,增强事故预防和应急处理能力。

2. 操作人员培训

(1) 培训计划的编制

为了提高建筑机械相关人员的安全意识、技能水平,以及自身发展需要,施工项目应根据项目施工特点、设备种类,组织对机械管理、维修、操作机相关人员进行培训,编制培训计划,培训计划应明确培训目的、培训性质、培训内容、参加人员等。培训内容应包括管理制度、专业性的知识、操作技能、安全技术危险因素识别和应急处置措施等。

(2) 培训的实施

针对建筑机械操作人员的培训,主要有以下几种:

1) 外部培训:这种形式是许多单位常用的,如聘请职业技能培训学校的老师对特种作业人员进行培训。培训老师经验丰富,专业性强,能把握特种作业人员的心理,有利于相互沟通,能有效提高操作水平。

2) 内部培训:目前,很多单位都注重内部培训讲师的培养。培训专家较了解本单位实际情况,可以进行事故通报、案例分析,可针对某一现象做具体培训。同时还能对企业的相关要求进行穿插讲解,取得很好的培训效果。

3) 技能竞赛:通过技能竞赛,可以在员工中形成比学赶超的良好氛围,带动员工学习的积极性,同时,也是日常繁重工作放松的一种方式。

十二、建筑机械安全运行

当前建筑结构呈多样化,一些现代化高、大、深工程不断增多,同时工期紧,速度快,需要强大的建筑机械化来保证,大量的建筑机械在工程施工中发挥了不可替代的作用,建筑机械不断向高、精、尖、大的方向发展。但是伴随着建筑机械的高速发展,建筑机械安全事故也在不断发生,特别是建筑起重机械安全事故所带来的群死群伤事故,影响极大,给社会带来了不稳定因素,因此建筑机械的安全使用和监督管理成为设备管理的重要工作。

(一)建筑机械事故

建筑机械的安全管理是设备管理的重要工作之一,也是施工企业安全管理工作的重要组成部分,施工企业作为安全管理主体,应加强建筑机械的安全管理工作,采取各种技术措施和管理组织措施,消除建筑机械各种危险有害因素,充分发挥建筑机械效能,实现安全高效生产。

1. 建筑机械事故原因

很多施工企业忽视对建筑机械的管理,常常"以租代管,只租不管",没有专门的管理机构及专业人员,以安全管理代替设备管理,以检查代替建筑机械的管理和基础工作,治表不治里,施工现场建筑机械管理缺失。另外,许多施工企业使用的建筑机械是由租赁解决,现在很多租赁企业管理参差不齐,缺乏专业技术人员,人员素质低,管理不到位,建筑机械维修不及时,经常带"病"运转;建筑机械的操作及维修人员绝大多数是农民工,文化水平低,缺乏经验,人员不稳定,保养水平差,维修不及时。由于以上种种原因,导致建筑机械安全事故不断发生。

按照安全事故致因理论,建筑机械事故发生的主要原因有:人的不安全行为、物的不安全状态、管理缺陷及自然因素。

(1)人的不安全行为

1)操作人员技术素质差,安全意识淡薄,自我保护能力低,有的甚至未经培训就无证上岗操作。

2)冒险蛮干,违章作业、违章指挥、强令他人违章作业。

3)违规安装拆卸作业,安装程序不符合规范。

4)不检查维护,不保养润滑等。

(2) 物的不安全状态

1) 建筑机械存在安全隐患。某些施工企业赶工期,忽视了对建筑机械的安全管理和维修保养,致使建筑机械经常带"病"工作。
2) 安全装置和防护设施不齐全、设置不当或失灵,无法起到安全防护作用。
3) 结构严重锈蚀;开焊、裂纹;连接螺栓松动;销轴脱落;钢丝绳断裂。
4) 建筑机械本身存在缺陷,设计不合理、制造质量缺陷,配套件质量问题等。

(3) 管理缺陷

1) 没有建立健全严格的设备管理制度。
2) 没有进行有效的监督检查,管理制度和各项规程不落实。
3) 岗位责任制不落实,没有进行严格的考核。
4) 缺乏专业技术管理人员,安全保证体系不健全等。

(4) 自然因素

台风、暴雨、地震、山洪等不可抗力因素。

另据统计,通过对建筑起重机械典型事故案例的分析,建筑起重机械的不安全状态造成事故约占23%,人员的不安全行为造成事故约占77%。建筑机械事故的发生主要在管、用、养、修各个方面,这些血的教训告诉我们企业建筑机械管理工作是企业安全生产的重要保证之一,建筑机械的合理使用、维修保养、定期开展安全检查并排除隐患是建筑机械安全运转的基础。

2. 建筑起重机械事故类型

建筑起重机械在拆装和使用过程中所发生的事故类型主要有七种:

(1) 整机失稳

起重机失稳可能有两种情况:一种是由于操作不当(例如重量或力矩限制失灵引起的超载、臂架变幅或旋转过快等)、支腿未找平或地基沉陷等原因,导致起重机由于力矩不平衡而倾翻;另一种是由于坡度或风载荷作用,使起重机沿倾斜路面或轨道滑动,发生不应有的位移、脱轨或翻倒。

(2) 金属结构的破坏

金属结构是起重机的重要组成部分,作为整台起重机的骨架,不仅承载起重机的自重及吊重,而且构架了起重作业的立体空间。由于起重机的金属结构组成不同,金属结构破坏形式往往也不同。金属结构的破坏常常会导致严重伤害,甚至群死群伤的恶果,例如塔式起重机的起重臂折断、塔身标准节折断或上部结构坠落倒塌等。

(3) 重物坠落

重物坠落原因有多种,常见原因有吊具或吊装容器损坏、物件捆绑不牢导致松散或滑落、挂钩不当发生脱钩。起升机构的零件发生故障或损坏(特别是制动器失灵、钢丝绳或吊钩断裂等)都可能引发重物坠落的危险。

(4) 人员高处跌落

起重机的机体高大,如塔式起重机常高达几十米甚至上百米。为了获得作业现场清楚的观察视野,驾驶室往往设在金属结构的高处,很多建筑机械也安装在高处,起重机转移场地时的拆装作业、起重机高处设备的维护和检修,以及安全检查测量,这些需要人员登高的场所和作业环节，都存在着人员从高处跌落的危险。

(5) 夹挤和碾轧

塔式起重机或汽车起重机的起重臂架作业回转半径与邻近的建筑结构之间的距离过小，使起重机在运行或回转作业期间，对尚滞留在其间的其他人员造成夹挤伤害。由于起重机整机的移动性，运行机构的操作失误或制动器失灵引起溜车，可能对人员造成碰撞或碾轧伤害事故。

(6) 触电

大多数起重机都是电力驱动，或通过电缆，或采用固定裸线将电力输入，起重机的任何组成部分或吊物与带电体距离过近或触碰带电物体时，都可以引发触电伤害。即使是流动式起重机，在输电线附近作业时，触碰高压线的事故也时有发生。直接触电或由于跨步电压会造成电伤、电击事故。

(7) 其他机械伤害

人体某部位与运动零部件接触引起的绞、碾、戳等伤害，液压元件或管路破坏造成高压液体的喷射伤害，运转零件破坏飞出物的打击伤害，抽拉吊索引起的弹射伤害等，这些在一般机械上发生的伤害形式，在起重机作业中都有可能发生。

(二) 依据运行状况记录进行建筑机械安全评价

建筑机械的运行风险是不确定的，偶发性较强，通过每天运行状况巡查及运行记录的分析评价，发现问题及时实施隐患排除，是建筑机械运行控制的重要内容，更是现场机械员的重要技能之一。

巡视运行状况时，观察建筑机械运行的声音、安全防护状态、周围环境、人的行为等因素，发现异常，进行反向追查，发现问题并及时排除隐患故障。

对运行记录的分析，主要分析记录中的产量数据、非正常消耗、运行异常现象等因素，进行反向追查，发现问题并及时排除隐患。

(三) 施工现场常用建筑机械关键部位安全检查

建筑机械在安装、使用过程中由于安装不到位，在安装后未经验收和检测情况下就投入使用，会存在很多安全隐患，甚至导致事故的发生。以下主要介绍塔式起重机、施工升降机和电动吊篮常见安全隐患。

1. 塔式起重机存在的安全隐患

1) 安装人员作业不规范，标准节连接螺栓未按规范连接，主要是：标准节螺栓未拧紧，如图12-1、图12-2所示；标准节连接螺栓用螺母未拧入，如图12-3所示；标准节连接螺栓短，螺母无法拧入，如图12-4所示。

图 12-1　螺栓未拧紧（1）

图 12-2　螺栓未拧紧（2）

图 12-3　螺母未拧入

图 12-4　连接螺栓短

2）销轴开口销未安装或不规范，主要是：开口销漏装，如图 12-5、图 12-6 所示；开口销用钢丝和焊条代替，如图 12-7、图 12-8 所示；开口销未插入或未打开，如图 12-9、图 12-10 所示。

图 12-5　开口销漏装（1）

图 12-6　开口销漏装（2）

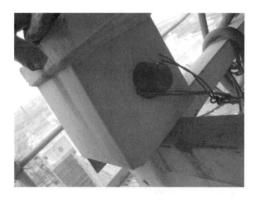
图 12-7 用钢丝代替开口销

图 12-8 用焊条代替开口销

图 12-9 开口销未插入

图 12-10 开口销未打开

3) 销轴轴向卡轴板脱落，主要是：轴向固定焊接挡板脱落，如图 12-11 所示；卡轴板螺栓漏装，如图 12-12 所示；卡轴板漏装，如图 12-13 所示。

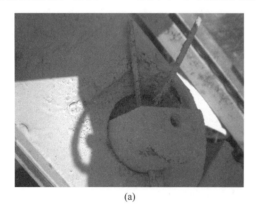
(a)

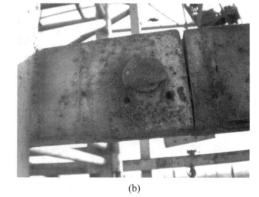
(b)

图 12-11 轴向固定焊接挡板脱落

4) 钢结构母材断裂及焊缝开裂，主要是：标准节主弦杆母材断裂，如图 12-14 所示；主弦杆开裂，如图 12-15 所示；回转平台母材开裂，如图 12-16 所示；回转平台焊缝开裂，如图 12-17 所示；基础锚脚母材开裂，如图 12-18 所示。

图 12-12　卡轴板螺栓漏装

图 12-13　卡轴板漏装

图 12-14　标准节主弦杆母材断裂

图 12-15　主弦杆开裂

图 12-16　回转平台母材开裂

图 12-17　回转平台焊缝开裂

5）附墙装置焊接质量差，主要是：随意焊接或改造，加工制作过程中控制不到位、质量不合格或非专业人员制作，如图 12-19 所示。

6）安全装置失效或损坏，主要是：力矩限制器限位未调整到位，如图 12-20 所示；力矩限制器限位开关漏装，如图 12-21 所示；限位器连接失效，如图 12-22 所示；变幅小

(a)

(b)

图 12-18 基础锚脚母材开裂

图 12-19 焊接质量差

图 12-20 力矩限制器限位未调整到位

图 12-21 力矩限制器限位开关漏装

图 12-22 限位器连接失效

车断绳保护器被绑扎,如图 12-23 所示;钢丝绳防跳保护装置损坏失效,如 12-24 所示;未安装卷筒防跳保护装置,如图 12-25 所示;吊钩钢丝绳防脱装置失效,如图 12-26 所示。

图 12-23　变幅小车断绳保护器被绑扎

图 12-24　钢丝绳防跳保护装置损坏失效

图 12-25　未安装卷筒防跳保护装置

图 12-26　吊钩钢丝绳防脱装置失效

7) 钢丝绳磨损断丝超标和安装不规范，主要是：磨损断丝达到报废标准，如图 12-27 所示；钢丝绳绳端未安装鸡心环，如图 12-28 所示。

8) 塔式起重机基础积水，主要是标准节及底梁浸泡在水中，如图 12-29 所示。

图 12-27　钢丝绳磨损达到报废标准

图 12-28　钢丝绳绳端未安装鸡心环

图 12-29 塔式起重机基础积水

2. 施工升降机存在的安全隐患

施工升降机安装及使用中常见的安全隐患有：对重防松绳保护断电开关未安装，如图 12-30 所示；对重导轨变形，对重极易脱轨，如图 12-31 所示；标准节齿条严重磨损，如图 12-32 所示；传动机构传动板被焊接固定，如图 12-33 所示；吊笼高度限位挡块固定不牢，如图 12-34 所示；吊笼钢结构锈蚀破损，如图 12-35 所示。

图 12-30 断电开关未安装

图 12-31 对重导轨变形

图 12-32 标准节齿条严重磨损

图 12-33 传动机构传动板被焊接固定

图 12-34　吊笼高度限位挡块固定不牢　　图 12-35　吊笼钢结构锈蚀破损

3. 电动吊篮存在的安全隐患

电动吊篮安装及使用中常见的安全隐患有：女儿墙当作吊篮前支架使用且无固定措施，如图 12-36 所示；后支架配重无防移动措施，如图 12-37 所示；工作钢丝绳和安全钢丝绳共用一个固定螺栓，如图 12-38 所示；悬吊平台四周未设置挡脚板，如图 12-39 所示；安全钢丝绳重锤未离地 15cm，如图 12-40 所示；钢丝绳弯曲变形严重仍然使用，如图 12-41 所示；安全绳固定在悬挂机构上，如图 12-42 所示；安全绳通过建筑物棱角处未保护，如图 12-43 所示；上限位开关变形失效，如图 12-44 所示；上限位开关碰块损坏，如图 12-45 所示；私自捆绑安全锁，如图 12-46 所示。

图 12-36　女儿墙当作吊篮前支架使用且无固定措施　　图 12-37　后支架配重无防移动措施

图 12-38　工作钢丝绳和安全钢丝绳共用一个固定螺栓　　图 12-39　悬吊平台四周未设置挡脚板

图 12-40　安全钢丝绳重锤未离地 15cm

图 12-41　钢丝绳弯曲变形严重仍然使用

图 12-42　安全绳固定在悬挂机构上

图 12-43　安全绳通过建筑物棱角处未保护

图 12-44　上限位开关变形失效

图 12-45　上限位开关碰块损坏

图 12-46　私自捆绑安全锁

十三、建筑机械安全隐患识别

建筑机械对建筑施工正常进行和施工安全起到举足轻重的作用,随着施工现场大量建筑机械的使用和施工机械化程度的提高,在建筑机械使用过程中,各种机械故障、事故也不断增加,甚至造成人身伤亡和经济损失。所以建筑机械的安全使用非常重要,需要事先对建筑机械本身存在或潜在危险和有害因素以及可能引发的事故进行识别,并及时采取措施予以消除。

(一)恶劣气候条件下建筑机械存在的安全隐患及应对措施

建筑机械露天作业,工况恶劣,特别是在安装、使用过程中突发大风、暴雨、大雾等恶劣天气的情况下,应有预防措施才能确保安全。通常存在的安全隐患如下:

1)大风对起重机械架体结构带来极大损伤,吊物吹落,特别是塔式起重机、施工升降机等高耸设备,易造成结构变形、设备倒塌等重大事故。

2)大雾导致视觉受阻,特别是塔式起重机司机高空操作,无法看清吊物及作业面,极易造成误操作或发生碰撞、伤人、坠物等事故。

3)暴雨造成设备基础积水,基础塌方或下沉;长期浸泡会腐蚀设备机构,造成设备基础承载力下降,基础偏斜,塔式起重机等设备甚至会倾斜、倒塌。

4)下雨潮湿,设备控制电路受损,出现短路、漏电跳闸等现象影响正常运行;电线电缆等绝缘下降,导致触电事故发生。

5)雷电对设备、作业人员的电击伤害等。

6)极寒极热导致设备自身性能下降,如速度降低、润滑下降、制动失效等。

7)极端天气还会导致作业环境恶化,如路面湿滑泥泞,光线变暗,吊物湿滑不易绑扎牢固,大风带来树枝、塑料袋进入作业区干扰作业,大雾会导致外来车辆人员看不清警戒线闯入作业区等。

恶劣天气的应对措施是做好预防工作,做好日常检查和维修保养,发现问题及时处理;当恶劣天气来临时,机械设备应及时停止使用,其中:塔式起重机(安装拆卸时风速12m/s以上,运转时风速12m/s以上)、施工升降机(安装拆卸时风速13m/s以上,运行时风速20m/s以上)均应立即停止使用;起重机械卸下吊物,塔式起重机收起钩头并清理塔机上易坠落物体、严禁锁死回转移动式起重机械收回臂杆,移到安全位置;施工升降机吊笼、吊篮笼体等落至地面并将开关门限位上锁,贴上封条与禁止运行告示;机械设备均应及时切断设备电源,撤离人员等。恶劣天气过后,要安排专业人员全面检查,确认安全后再开机使用。特别是大风过后对塔式起重机等高耸设备的基础、钢结构、各连接点、附着等重要的部位和受力杆件进行检查、处理、加固。另外,在雨雪过后,塔式起重机应先经过试吊,确认制动灵敏可靠后方可进行作业。

（二）建筑机械安全保护装置的检查及应对措施

安全保护装置是建筑机械安全运行的保证，可防止因使用中超出设计能力或误操作而造成机械损坏及事故，达到机械保护和防止人身伤亡事故发生的目的。安全保护装置种类很多，主要是：

1）隔离防护装置，是阻止人与外露的高速运动或传动的零部件接触而被伤害的装置，如：皮带轮、链轮、齿轮传动等均安装有防护隔离罩（网）。

2）限位装置，是用来限制起重机械各机构运转时的通过范围的一种安全防护装置，如：起重机械高度限位装置，当吊钩起升到规定的高度后，行程开关动作，切断上升控制电路，使起重机械上升停止，防止事故发生。塔式起重机的限位装置有起升上、下限位装置；小车变幅前、后限位装置；动臂塔式起重机起重臂角度限位装置；大车行走前后限位装置。施工升降机吊笼上、下限位装置；上、下极限限位装置等。

3）起重量限制装置，是一种通过检测起吊重量防止起重机械处于超载作业状态的承重保护装置，如塔式起重机、流动式起重机、门式起重机等都设有重量限制器；施工升降机载设有超载限制装置，其作用是保护机械设备，防止超载使用，杜绝事故发生。

4）力矩限制装置，是指安装在起重机上用于载荷超过起重机的安全工作范围时限制起重机不要超过额定设计力矩的装置。对塔式起重机，一定的幅度只允许起吊一定的重量，如果超载或超幅度使用，就有倾翻的危险。吊钩在某一定幅度，如果吊起超出规定的重量，或者吊起某一重物而其运行幅度超出规定的幅度，力矩限制器将动作，电路被切断，停止提升或向前变幅动作，保证起重机安全。

5）防坠限制装置，是防止施工升降机吊笼超速下降坠落的保护装置，当吊笼下坠速度超过规定的速度时，防坠器动作，快速制动，切断电源，锁定吊笼。

6）连锁防护装置，施工升降机吊笼门、地面围栏门都是由机电连锁装置控制，吊笼门或地面围栏门开启时，吊笼是不能运行的；运行中的吊笼如果开启吊笼门，吊笼会立即停机。

7）起重吊钩防脱钩装置，是指防止起吊钢丝绳由于角度过大或挂钩不妥，造成起吊钢丝绳脱钩，吊物坠落事故的装置。

8）钢丝绳防脱装置，是防止钢丝绳从滑轮槽内滑脱出来发生意外的装置。

9）紧急开关，是施工机械使用遇到紧急情况时，应立即按下的紧急开关，以切断电源停机。

10）安全监控系统，是对塔式起重机的起重量、起重力矩、起升高度（下降高度）、工作幅度、臂架仰角（动臂塔式起重机）、风速、回转角度、运行行程（行走）、工作时间、累计工作时间、每次工作循环等进行监视的系统。该系统应能对塔式起重机的危险操作指令进行报警或限制。同一区域的施工项目，建议使用同品牌类型的塔式起重机防碰撞监控系统。

安全防护装置种类很多，是根据机械运行动作和防护要求设计的，这些安装防护装置在机械出厂时均已配置，使用过程中有可能损坏失效，导致机械安全事故的发生。为了保证机械安全防护装置的安全有效，应加强设备使用和维修管理，一是操作人员要遵守操作规程，严禁违规使用、野蛮操作；二是操作司机每天作业前应该进行全面检查，确认安装装置是否正常，否则应立即修复，严禁在安全防护失效的情况下继续使用；三是现场机械员、安全员应随时检查安全防护装置情况，一旦发现安全装置损坏，应立即停机，排除故障，修复后方可使用；四是专业维修人员按时维修保养，提前预知，提前预防，及时更换损坏的安全部件，保证安全防护装置安全有效。

（三）建筑机械的违规使用及应对措施

建筑机械违规使用主要反映管理缺失、安全生产责任不落实等问题，会使机械存在安全隐患，甚至导致安全事故的发生。违规使用通常表现在以下几方面：

1) 机械进场未进行检查验收。
2) 机械（塔式起重机、施工升降机）未按要求编写专项施工方案，超过一定规模的机械（塔式起重机）专项施工方案未经过专家论证通过。
3) 建筑起重机械未办理备案就安装使用。
4) 机械不符合国家规范标准。
5) 超过使用年限，达到报废标准。
6) 安装装置不齐全。
7) 检验不合格。
8) 机械带"病"运转。
9) 检查中发现设备存在重大安全隐患，违反国家强制标准。
10) 操作人员无证操作。
11) 未经安全技术交底上岗。
12) 不按时进行维修保养。
13) 不开展检查。

对以上违规行为应强化设备日常使用的安全监督和管理，落实设备安全生产责任制，完善规章制度，操作规程，配齐机械操作人员，建立健全管理台账，加强管理人员的管理主体责任，打牢管理的基础工作，加强安全培训和安全考核工作，加大安全培训力度，做好安全教育，提高安全管理意识，熟悉存在的危险、危害因素、防范措施和事故应急措施。

（四）建筑机械操作人员的违规操作行为及应对措施

建筑机械事故很大一部分是由操作人员缺乏安全操作知识或者违反安全管理规程进行操作造成的，即人的不安全行为是导致事故的重要原因之一，机械管理的目的之一是做到机械的正确使用、安全操作。操作人员的主要违规操作如下：

1) 不遵守机械操作规程，超载、超速、跃挡、急停等。
2) 不听从指挥，特别是对起重机械擅自开机起吊。
3) 每班作业前未进行检查试车就使用，未进行隐患排查。
4) 机械带"病"运转，不进行保养，发现故障或问题不及时报告。

5）对机械不执行清洁、调整、润滑、紧固、防腐"十字作业方针"。

6）未接受培训教育，对设备性能不掌握，未做到"四懂四会"（懂原理、懂构造、懂性能、懂用途，会使用、会检查、会保养、会排除故障）。

7）施工机械开机期间，擅自离岗。

8）疲劳作业，饮酒驾驶。

9）恶劣天气或不良环境条件下操作人员进行冒险操作。

10）不填写运转记录，多班作业不进行交接班。

11）多人操作时不相互配合，动作不协调。

12）擅自拆除机械的安全保护部件。

13）未经培训，未取得操作证书或特种设备操作资格证书，无证开机。

14）不按规定佩戴和使用个人安全防护用品。

15）使用不完好的机械设备，吊索具。未严格执行"十不吊"。

针对以上违规行为，施工企业应加强对操作人员的安全教育，开展技术培训，完善安全管理制度，严肃施工纪律，对违法、违规、违纪行为加大处罚力度，机械及安全管理人员应加强现场检查巡查，及时发现处理和违章行为。同时企业要调动操作人员积极性，开展设备竞赛等群众活动，形成遵纪守法、安全操作的企业文化氛围。

十四、建筑机械统计台账

建立建筑机械运行基础数据（统计台帐），有利于充分了解建筑机械的实际工作能力，掌握实际运行成本，合理实施方案调整，能有效、充分地利用资源，避免窝工、资源浪费，并为本企业（或同条件工程）提供经营管理决策依据。基本的运行数据有机械交接班记录(表14-1)、维修保养记录、运转记录（表14-2）等。根据记录可以及时调整人员配备及工作量的分配，有效地提高工作效率。

机械交接班记录　　　　　　　　　　　　　　　　　表14-1

施工单位及项目：　　　机械名称：　　　机械编号：　　　规格型号：

日期	任务情况	机械情况	保养情况	附属工具情况	注意事项	交接时间	交班人	接班人	备注

负责人：

机械运转记录　　　　　　　　　　　表 14-2

日期	完成产量	实作数		停工台时分类						操作人	机械负责人
		台班	台时	待工	转移	气候	保养	停修	安装		

本月统计：　制度台日数：　　　其中完好台日数：　　　完好率：
　　　　　　实作台日数：　　　其中节假日加班台日数：　利用率：

核定：　　　　　　　统计：

十五、建筑机械成本核算

1. 大型建筑机械的使用费核算

（1）自有大型建筑机械的使用费核算

自有大型建筑机械使用费核算是为了反映施工单位自有建筑机械进行机械作业所发生的各项费用。因自有大型建筑机械设备一般都纳入企业固定资产，因此，自有大型建筑机械使用费核算如下：

自有大型建筑机械使用费＝固定资产折旧费＋人工费＋维修保养费＋能源消耗费＋进出场费＋其他费用

（2）外租大型建筑机械的使用费核算

随着建筑机械租赁市场的不断完善，施工项目的很多大型建筑机械都采取租赁制度。因外租设备的维修保养费一般都由出租单位承担，因此，项目外租大型建筑机械使用费核算如下：

外租大型建筑机械使用费＝单机租赁费＋安装拆卸和进出场费＋自行配合人工能源消耗费及其他费用

2. 中小型建筑机械的使用费班组核算

因中小型建筑机械一般都由分包自带，所以核算方式为台班单价制。

$$中小型建筑机械使用费＝\sum（机械台班消耗量\times机械台班单价）$$

机械台班单价可以由定额查询。

3. 进行建筑机械的维修保养费核算

建筑机械的维修保养一般由设备所有者负责，根据使用班次及实际机况进行，其费用核算如下：

建筑机械维修保养费＝维修保养零配件费＋维修耗材费＋工具损耗费＋人工费＋其他费用

十六、建筑机械资料档案管理

建筑机械是企业的重要的生产资源，按国家法规、标准等规定，企业应建立大型建筑机械档案管理办法和施工项目建筑机械资料管理制度，建立、收集、整理相关建筑机械安全技术档案；无论企业自身管理，还是国家监管部门均需要查验相应的档案资料。通常，建筑机械档案包括：出厂原始资料、资产资料、技术经济资料、安全运行保障资料等。

（一）原始资料

机械的原始资料，是指出厂时，厂家按国家法律法规，随机配发的系列文件资料，是机械运行控制的重要依据性文件。主要有四类文件：

1）生产合法证明类：企业营业执照、特种设备制造许可证、鉴定证书等。
2）产品定型证明类：产品定型试验报告、相关政府部门机构型号认定书（或批文）。
3）责任承担证明类：产品合格证（含直接使用非本企业产品）、购销合同、发票等相关法律责任承诺书等。
4）使用指导类：安装拆卸说明书、使用说明书、零部件手册、维修手册等。

（二）建筑机械安全运行保障资料

为现场实施有序管理，方便于现场使用及安全监管核查，有利于专项费用核算，保证建筑机械的全寿命受控，施工现场的建筑机械资料管理至关重要。应注意部分关键资料是唯一性的，存贮在产权单位，现场可收集复印件加盖原件保存部门印章，现场形成的资料必须保存原件。

1. 现场建筑机械管理基本资料

现场建筑机械台账表（册）：按建筑机械分类，主要登记建筑机械名称、型号、规格、出厂编号、登记编号、出厂时间、进场日期、制造厂、出场时间、启用时间等情况，在建筑机械增减时填写，是相关管理人员（部门）掌握建筑机械基本情况的依据。

租赁建筑机械台账：登记租赁单位、建筑机械名称、型号、规格、出厂编号、登记编号、厂家、进场时间、计租时间退场时间等。

设备分布及责任人登记表（册）：略。

现场设备需用计划表（含总、季、月计划）：略。

2. 建筑机械安装资料

进场验收资料。
建筑机械安装基础验收资料。

安装单位营业执照、资质证书及安全生产许可证。
安装（顶升附着、拆卸）专项方案。
建筑起重机械安装施工应急预案。
安装拆卸作业安全技术交底。
安装施工特种作业人员证书。
安装验收资料。
安装及定期检验资料。
顶升附着验收资料。
安装告知及使用登记资料。
安装合同及安全协议。
辅助安装机械相关资料等。

3. 建筑机械使用资料

建筑机械租赁合同及安全使用协议。
操作人员及特种作业人员证书。
运转记录。
多班作业司机交接班记录。
维修保养记录。
使用检查记录。
相关人员资格证书。
人员教育培训资料。
操作使用安全技术交底。
生产安全事故应急预案。
起重机械备案证明。
安装验收资料。
检验检测报告。
起重机械维护保养等管理制度。
登记备案证明。
使用登记编号等。

4. 建筑机械经济核算资料

建筑机械租赁费用统计资料，主要包括：租赁费核算单、租赁费统计台账等。
自有建筑机械费用核算资料，主要包括：建筑机械购置登记表、耗材表、维修费用统计表、人员工资费用表、油料消耗统计表、项目建筑机械费用阶段分析对比等资料。

（三）企业建筑机械分类编号管理

1. 建筑机械的分类

建筑机械类型品种繁多，为了便于管理，各部门对建筑机械的分类都作了不同的规定,以便系统内的统一管理,详见相关标准规范,此处不一一列举。

2. 建筑机械的编号

按照现行财务制度的规定,施工企业生产用固定资产分为六大类:①房屋、建筑物;②仪器及试验设备;③建筑机械;④运输设备;⑤加工与维修设备;⑥其他生产用固定资产。通常建筑机械管理部门负责建筑机械、运输设备、生产设备三大类的管理。

根据固定资产的性能和用途,每一大类中又分若干小类,如第 3 大类"建筑机械"各小类包括:起重机械、土方机械、铲运机械、凿岩机械、桩工机械、钢筋机械、混凝土机械、筑路机械等。每一小类中又分若干组型,如"起重机械"又分塔式起重机、汽车起重机等。

建筑机械类型复杂、品种多,为了识别容易,避免混淆,便于单机管理,对构成固定资产的建筑机械应逐台统一编号,为固定资产的计算机管理创造条件。

原国家建工总局曾出台过有关固定资产分类编号的规定,规定统一编号由两组号码组成,第一组以四位数字代表类别编号,其中,第一位数字代表固定资产大类;第二位数字代表一个大类中的小类;第三、四位数字代表名称或组型。第二组以五位数字代表,前两位数字为单位代号。后三位数字为实物的顺序号。

执行统一编号应注意以下几点:

① 建筑机械统一编号应由企业建筑机械管理部门在建筑机械验收转入固定资产时统一编排,编号一经确定,不得任意改变。

② 报废或调出本系统的建筑机械,其编号应立即作废,不得继续使用。

③ 建筑机械的主机和附机、附件均应用同一编号。

④ 编号标志的位置。大型建筑机械可在主机机体指定的明显位置喷涂单位名称及统一编号,其所用字体及格式应统一。小型和固定安装机械可用统一式样的金属标牌固定于机体上。

(四)建筑机械资产管理的基本资料

建筑机械资产管理的基本资料包括:登记卡片、台账、清查盘点登记表、档案等。

1. 登记卡片、台账

(1) 登记卡片

登记卡片是反映建筑机械主要情况的基础资料,主要内容包括:建筑机械各项参数情况,动力装置的型号、规格,主要技术性能,附属设备、替换设备等情况;动态情况,如建筑机械运转、修理、改装、机长变更、事故等记录。

建筑机械登记卡片由产权单位建筑机械管理部门建立,一机一卡,按建筑机械分类顺序排列,专人负责管理,及时填写和登记。本卡片应随机转移,报废时随报废申请表送审。

(2) 台账

台账是掌握企业建筑机械资产状况,反映企业各类建筑机械的拥有量、分布及其变动情况的主要依据,它以《建筑机械分类及编号目录》为依据,按类组代号分页,按建筑机械编号顺序排列,其内容主要是建筑机械的静态情况,由企业建筑机械管理部门建立和管理,作为掌握建筑机械基本情况的基础资料。台账一般分总账和分布台账,还应有报废台账、维修台账、封存停用台账、完好利用率统计台账等,企业可根据情况设立。某企业建筑机械分布台账见表16-1。

建筑机械分布台账　　　　　　　　　　　　　　　　　　表16-1

产权单位							设备类别					
序号	统一编号或备案号	设备名称	型号规格	功率(kW)	生产厂家	出厂时间	租赁单位	进场日期	退场日期	使用保管人	接收人	备注

填表人:　　　　　建立时间:

2. 清查盘点登记表

按照国家对企业固定资产进行清查盘点的规定,每年终了时,由企业财务部门会同建筑机械管理部门和使用保管单位组成建筑机械清查小组对固定资产进行一次现场清点。清点中要查对实物,核实分布情况及价值,做到台账、卡片、实物三相符,并填写《建筑机械清查盘点登记表》,见表16-2。

建筑机械清查盘点登记表　　　　　　　　　　　　　　表16-2

填报单位:　　　　　　　××××年×月

统一编号	机械名称	公称能力	机械				动力					原值	净值	技术状况				所在单位	备注
			型号	制造厂	号码	出厂年月	类别	型号规格	功率	制造厂	号码	出厂年月			完好	需修	待报废	不配套		

单位负责人:　　　　　　填报人:

清点工作必须达到及时、深入、全面、彻底的要求，在清查中发现的问题要认真解决。

如发现盘盈、盘亏，应查明原因，按有关规定进行财务处理。清点应填写建筑机械资产清点表，留存并上报。

为了监督建筑机械的合理使用，清点中对下列情况应予处理：

1) 如发现保管不善、使用不当、维修不良的建筑机械，应向有关单位提出意见，帮助并督促其改进。

2) 对于实际磨损程度与账面净值相差悬殊的建筑机械，应查明造成原因，如由于少提折旧而造成者，应督促其补提；如由于使用维护不当，造成早期磨损者，应查明原因，作出处理。

3) 清查中发现长期闲置不用的建筑机械，应先在企业内部调剂；属于不需用的建筑机械，应积极组织向外处理，在调出前要妥善保管。

4) 针对清查中发现的问题，要及时修改补充有关管理制度，防止前清后乱。

（五）建筑机械技术档案

1. 建筑机械技术档案的作用

建筑机械技术档案是指建筑机械自购入（或自制）开始直到报废为止整个过程中的历史技术资料。其能系统地反映建筑机械运行状态的变化情况，是建筑机械管理不可缺少的基础工作和科学依据。其作用主要在于：

1) 掌握建筑机械使用性能的变化情况，以便在最有利的使用条件下，充分发挥其效能。

2) 掌握建筑机械运行时间的累计和技术状况变化的规律，以便更好地安排建筑机械的使用、保养和修理，为编制使用、维修计划提供依据。

3) 为建筑机械备品配件供应计划的编制和建筑机械修理的技术鉴定，提供科学依据。

4) 为改进建筑机械的结构、性能，生产备品配件进行技术经济论证等工作提供技术资料。

5) 为分析建筑机械及安全事故原因，申请建筑机械报废等应提供有关技术资料和依据。

2. 建筑机械技术档案的内容

建筑机械技术档案由企业建筑机械管理部门建立和管理，其主要内容有：

1) 建筑机械随机技术文件。包括：使用保养维修说明书、出厂合格证、零件装配图册、随机附属装置资料、工具和备品明细表、配件目录等。

2) 新增（自制）或调入的批准文件。

3) 安装验收和技术试验记录。

4) 改装、改造的批准文件和图纸资料。

5) 送修前的检测鉴定、大修进厂的技术鉴定、出厂检验记录及修理内容等有关技术资料。

6) 事故报告单、事故分析及处理等有关记录。

7）建筑机械报废技术鉴定记录。
8）建筑机械交接清单。
9）其他属于本机的有关技术资料。

3. 建筑机械履历书

建筑机械履历书是一种单机档案形式,由建筑机械使用单位建立和管理,作为掌握建筑机械使用情况、进行科学管理的依据。其主要内容有:

1）试运转及走合期记录。
2）运转台时、产量和消耗记录。
3）保养、修理记录。
4）主要机件及轮胎更换记录。
5）机长更换交接记录。
6）检查、评比及奖惩记录。
7）事故记录。

4. 建筑机械技术档案收集注意事项

1）原始资料一次性填写入档;运行、消耗、保养等记录按月填写入档;修理、奖惩、事故、交接、改装、改造等及时填写入档。列入档案的文件、数据应准确可靠。

2）国外引进建筑机械的技术资料和该建筑机械有关的国际技术交流资料,应及早归档。

3）建筑机械调动时,技术档案随机移交。报废时,技术档案随报废申请单送批。

4）借阅技术档案应办理审批和登记手续,借阅单位和个人不得在档案材料上涂改、抽换和损坏。

5）建立技术档案检查和分析制度、以保证档案内容充实、可靠。主管建筑机械的领导要定期检查档案的完整性,分析建筑机械使用、维修和技术状况的变化等情况,以便掌握规律,改进建筑机械管理工作。

5. 建筑机械运行统计

建筑机械运行基础数据的建立,有利于充分了解建筑机械的实际工作能力,在不同的作业环境下的产出,能有效地充分利用资源,避免窝工、资源浪费。建筑机械交接班记录、运转记录、完好率、利用率能及时准确地反映其运行状况、工作能力及任务情况。根据记录可以及时调整人员配备及工作量的分配,有效地提高工作效率。

(六) 企业建筑机械资料管理归档

为了建立健全建筑机械安全技术档案管理工作,加强建筑机械安全技术档案的科学管理,有效地保护和利用档案,结合单位实际情况,应制定以下办法。

1. 档案管理体制

1）档案管理机构：应指定有关部门统一管理本单位的建筑机械技术档案。

2）指定专人管理建筑机械技术档案工作，保管人必须维护档案的完整与安全，并接受必要的培训。

2. 立卷归档制度

1）档案的收集：建筑机械管理部门对建筑机械资料进行收集整理，经过挑选，立卷，定期移交档案室集中保存。

2）归档范围：包括建筑机械登记表、备案证明、使用证复印件、设计文件、制造单位的产品质量合格证明、使用维护说明等文件以及安装技术文件和资料；定期检验和定期自行检查的记录；日常使用状况记录；安全附件、安全保护装置、测量调控装置及有关附属仪器仪表的日常维护保养记录；运行故障和事故及处理记录；重大修理改造竣工档案；停用、缓检的相关申请资料等，以及有关往来函件（含传真、电子邮件等）、照片等各种形式、载体的文件。

归档要求及注意事项

1）资料应完整齐全，按工作阶段性进行归档。

2）系统、条理，保持有机联系。凡是归档文件材料，均要按其不同特征组卷，尽量保持它们的内在联系，区分它们不同的保存价值。文件分类准确、立卷合理。

3）立卷时，要求将文件的正件与附件、印件与定稿、请示与批复等统一立卷，不得分散。

4）在进行卷内文件排列时，要合理安排文件的先后次序，按时间先后排列。对于同一事情的同一文件，应统一进行排列。

5）由档案部门对机械管理部门加以指导，协助机械管理部门共同做好旧档案的整理工作，并办理移交手续，双方在移交清册上签字。

3. 单机归档、卷内目录

应设专人负责对建筑机械［塔式起重机、施工升降机、物料提升机、厂（场）内机动车辆等］建立单机档案，独立成卷（盒）。

单机档案应包括：

1）购置的合同和发票（复印件）。

2）随机各项文件和技术资料。

3）历次安装、拆除和检验资料。

4）历次的二级保养和维修资料。

5）设备的运转记录。

6）在主管部门办理的备案登记相关证件。

建筑机械管理部门应建立设备档案资料借阅登记表，严格借阅手续，防止丢失。

建筑机械的技术资料及档案保管期限等同该设备的实际使用年限。

建筑机械文件材料归档范围与组卷排列见表16-3。

建筑机械文件材料归档范围与组卷排列 表16-3

序号	类别	卷内文件排列
一	依据性文件	设备购置计划、重要设备购置论证报告及批复文件
二	开箱验收与随机文件	建筑机械设备开箱检验记录； 产品说明书； 图纸； 产品合格证和出厂检验文件； 设备装箱单； 随机附件、备件、工具清单； 其他随机文件
三	安装调试文件	设备安装工艺规程； 设备安装基础图、平面布置图、电器接线图； 设备安装隐蔽工程检查记录； 试车、调试记录； 精度检查记录、性能鉴定文件； 安装验收文件
四	使用维修文件	固定资产卡片； 向使用单位办理随机附件、备件、工具移交清单； 设备维护保养、安全操作规程（说明书包括的不再单列）； 设备运转记录； 大、中修理记录及重点部位修理记录，包括修理过程记录现场测绘的图纸、使用材料、易损件更换明细表及修理尺寸、结算单等； 大修精度检验记录及验收单
五	技术改造文件	申请报告与审批文件； 修改部分的图纸、计算书； 设备改造后的检测记录； 鉴定验收文件
六	事故处理文件	建筑机械事故调查、处理材料与批复文件
七	商检与索赔文件	引进国外设备的进口商检、索赔及谈判文件
八	报废文件	建筑机械报废申请报告与审批文件

注：凡以机械为主、副机配套的，其文件材料均按主机在前、副机在后的顺序排列。

建筑机械建档目录。施工企业施工专业不同，所拥有的建筑机械种类也不尽相同，目前建档建筑机械种类没有统一规定，企业可根据自身情况，对价值较高、危险性较大的、企业生产的关键和重要的建筑机械建立档案。常用的建筑机械建档目录见表16-4。

建筑机械建档目录 表16-4

序号	名称	说明	序号	名称	说明
1	挖土机	$0.5m^3$ 以上	10	施工升降机	各种型号
2	推土机	103kW	11	自卸汽车	各种型号
3	铲运机	$4.5m^3$ 以上	12	载重汽车	各种型号
4	压路机	各种型号	13	空气压缩机	$6m^3$ 以上
5	履带起重机	各种型号	14	打桩机	各种型号
6	轮胎起重机	各种型号	15	混凝土输送泵	各种型号
7	汽车式起重机	各种型号	16	混凝土搅拌运输车	各种型号
8	塔式起重机	各种型号	17	混凝土运输泵车	各种型号
9	桥式起重机	各种型号	18	发电机组	50kW以上

附件

建筑施工机械租赁合同（范本）　　合同编号：_____

承租人（简称甲方）：_____（单位全称）
出租人（简称乙方）：_____（单位全称）
行业确认证书号：_____
合同订立地点：_____

依照《中华人民共和国民法典》以及其他相关法律法规，遵循平等、自愿和诚实信用的原则，经甲乙双方协商一致，由甲方向乙方租用本合同所列建筑机械，使用于甲方承建的工程项目上。双方就有关权利义务达成下列条款。

第一条：租用建筑机械名称及规格、数量
机械名称：_____；型号或规格：_____；
生产厂商：_____；数量：_____台；
附属设备名称：_____；型号或规格_____；台（件）数：_____。
（租用建筑机械数量众多，可另列专页）

第二条：使用地点
_____省（市）_____县（市）_____号_____工程（项目）。

第三条：租用期限自_____年____月____日至_____年____月____日止。预计_____个月。

租赁期届满，甲方应将租用建筑机械完好交还乙方。双方结清租金及其他费用后，甲方应在乙方□退场前□退场后_____天内支付完毕。机械具体进场和退场日期由甲方提前_____天，书面通知乙方。（请在相应的方框内打"√"）

第四条：计算租金的方式
本合同甲方选择计税方法为：_____；
乙方纳税人资格为：_____；
乙方向甲方提供发票为：□【增值税普通发票】□【增值税专用发票】（请在相应的方框内打"√"），税率为____。

选择下列□1□2□3 租金计算方式。（请在相应的方框内打"√"）

1. 按月租金计算方式。机械名称：_____规格或型号：_____每台租金人民币_____元/月。不足月的尾数日租金按月租金除以30天乘以尾数日计算。租金每月结算一次，每月_____日为前月租金的支付日（机械种类不止一种，可另列专页，按序列明相应租金）。

2. 按台班计算方式（适用于租期、工作量不确定，不便于按工作量计算租金的场合，如履带式或轮胎式起重机）。机械每天工作_____小时，按一个机械台班计算，每台班租金为_____元。每月_____日前由双方确认上月实际工作台班数量，并于_____日内由甲方支付租金。临时租用建筑机械，工作完毕即结算租金，并于_____日内支付完毕。

3. 按工作量计算方式（本方式适用于工程运输机械，如混凝土输送泵、输送车、挖掘机、沥青路面摊铺机等）。按_____元/立方米（平方米），由甲方向乙方支付租金。

每月_____日前结算上月工作量，_____日内支付完毕。

第五条：租金计费起止时间

选择下列□1□2□3 计费起止时间。（请在相应的方框内打"√"）

1. 始于建筑机械抵达现场，止于甲方书面通知停止使用。

2. 始于建筑机械开始作业，止于甲方书面通知停止使用。

3. 其他（特种建筑机械及特殊建设工程项目等，可在专用条款中约定）。

第六条：进场费

租赁建筑机械进出场由乙方负责，费用（含运输_____元、吊装_____元、安装_____元、拆卸_____元）共计人民币_____元，由甲方承担。甲方在进场前_____天向乙方支付。

第七条：保证金

乙方向甲方收取保证金_____元作为履行本合同的保证。保证金在租赁建筑机械进场前由甲方向乙方支付。

租赁期届满，如租赁建筑机械发生缺损，甲方应当照价赔偿。保证金扣除应付租赁建筑机械的缺损赔偿后，其余额由乙方无息返回甲方。

第八条：双方的权利义务

一、出租方义务

1. 按合同约定时间或按甲方通知的时间、地点提供合格的且不低于约定主参数的机械设备。

2. 提供技术保障服务。

3. 向甲方就出租建筑机械的使用环境、安全使用要求、操作维护注意事项等提供必要的技术资料或技术说明。

4. 乙方派出随机操作人员必须持证上岗，应服从甲方管理，遵守甲方各项规章制度。

二、承租方义务

1. 按时足额支付租金，不拖欠。

2. 甲方自行承担或指派的操作人员必须持证上岗。

3. 按操作规程或建筑机械使用规定，建筑管理使用承租的建筑机械，并按规定做好建筑机械保养维护工作。

4. 为乙方提供承租建筑机械进出场作业、其他维护作业的协助和便利。

5. 未经乙方书面同意，甲方不得转租本合同名下机械。

6. 任何情况下，甲方不得把承租的建筑机械（包括附属设备、备件）转卖、抵债或作为与第三方的担保物（包括抵押、质押以及其他担保形式）。

第九条：租赁建筑机械的交接

乙方依甲方通知指定的时间、地点向甲方移交合同约定的租赁建筑机械，双方就交付建筑机械的型号、规格、附件、数量以及安装质量完好状况签署交接清单。

第十条：操作、维护与修理

1. 租赁建筑机械在租赁期间由甲方管理使用。本合同约定由甲方操作维护租赁建筑机械的，甲方应按建筑机械运营、操作规定配备符合上岗条件的操作、指挥、维护等人员。本合同约定租赁建筑机械由_____方负责操作维护。

2. 甲方可委托具备相应资质的专业队伍承担租赁建筑机械的操作、维护等技术服务工作。甲方与第三方所订立的操作、维护租赁建筑机械的合同受本合同条款约束。

3. 因故障造成租赁建筑机械无法运行，乙方自接到通知时起_____小时内到达现场维修。乙方自接到维修通知起_____日内未能修复的，自第_____日起免收租金直至恢复运营日止。但建筑机械故障系因甲方违章指挥、违章作业造成，甲方仍应支付修复停运期间的租金。

第十一条：租赁建筑机械及其附件自合同双方移交日起，由接收方承担租赁建筑机械的毁损、灭失责任或其他第三方受损责任。甲方对已经运抵使用现场但尚未办理移交手续的建筑机械应当协助乙方妥善保管，防止散失、损坏。

第十二条：在租赁期间建筑机械发生毁损或灭失时，甲方应立即通知乙方，乙方有权要求甲方：

将租赁建筑机械复原或修理至完全正常使用状态；或更换与毁损机械同等型号、性能的机械；或赔偿乙方实际损失。

存在下列情形的应当减轻或免除甲方的责任：

（1）发生毁损时租赁建筑机械完全置于乙方派出人员控制下。

（2）发生毁损、灭失的原因不能归责于甲方的其他情形。

第十三条：租赁期间，乙方转让出租建筑机械的，不影响本租赁合同的履行，但乙方应当及时通知甲方。

第十四条：违约责任

1. 乙方未提供合同约定的建筑机械设备或虽提供建筑机械设备，但型号、规格与合同不符，甲方认为不能适用，乙方未依合同调整，致使合同无法履行，构成违约。乙方支付甲方相当于该建筑机械一个月租金的违约金，并赔偿甲方为履行本合同所发生的直接损失。

2. 乙方未按合同约定日期或按甲方通知日期提供建筑机械设备的，每逾期一日，支付甲方逾期交付违约金_____元/日。但甲方未预付进出场费或保证金的，无权要求乙方支付逾期交付违约金。

3. 乙方在合同期间无合理理由停止服务致使建筑机械停工的，每停工一天，甲方除扣减相应租金外，乙方支付甲方相当于该建筑机械日租金_____%的违约金。造成甲方其他损失的，乙方应当承担赔偿责任。

4. 甲方通知建筑机械进场后，又通知取消合同的，支付相当于该建筑机械一个月租金的违约金，并赔偿乙方为履行本合同发生的直接费用。

5. 甲方未按合同约定日期支付租金的，每逾期一日，向乙方支付未付租金的_____%逾期支付违约金。经乙方催讨仍未支付，超过30天的，乙方有权解除合同，乙方行使解除合同权的，甲方应当在合同约定违约金基础上向乙方加付相当于该机械一个月租金的违约金，造成乙方其他损失的，甲方应承担赔偿责任。

6. 甲方擅自改装、添附、拆除附件、改变建筑机械性能的，乙方有权：

（1）要求甲方恢复原状，赔偿损失；

（2）解除合同。乙方行使解除合同权的，甲方应当在约定违约金基础上向乙方加付相当于该机械一个月租金的违约金，造成乙方其他损失的，乙方有权要求甲方赔偿。

7. 以本合同所承租的建筑机械对外作抵押、质押、担保、转卖、抵债等有损于乙方物权的任何行为均为严重违约。甲方应无条件消除影响、排除妨碍。造成乙方损失的，由甲方负责赔偿。

第十五条：争议解决

双方对合同的履行引发争议，经协商未能达成一致的，可选择下列□1□2途径解决。

1. 向原告所在地人民法院提起诉讼。
2. 向原告所在地仲裁委员会申请裁决。

第十六条：合同生效

本合同双方约定：□双方盖章，□交付进场费后生效。（请在相应的方框内打"√"）

合同订立时间：_____年_____月_____日

承租人：（甲方公章）	出租人：（乙方公章）
住所：	住所：
法定代表人：	法定代表人：
委托代理人：	委托代理人：
电话：	电话：
传真：	传真：
开户银行：	开户银行：
账号：	账号：
邮政编码：	邮政编码：